普通主管

才是

最強主管

百萬領導者齊聲推薦！
第一天當主管就上手的43個帶人常識，
用簡單原則打造最強團隊

洛倫・B・貝爾克 Loren B. Belker ——著
吉姆・麥考密克 Jim McCormick
加里・S・托普奇克 Gary S. Topchik

郁保林 ——譯

The First-Time Manager
(Seventh Edition)

本書獻給為了成就自己，

也為了造福所帶領的團隊，

而渴望提升技能的主管。

目次

第七版序言

能繼續參與這個超過三十五年來幫助數十萬讀者的重要計畫，讓我備感榮幸。我第一次接觸這本書是因 AMACOM Books 出版社邀請我更新內容以便推出第六版。我讀完這本經典大作後，得出以下四個結論：首先，本書是極出色的資源，顯然幫助過無數的新手主管。其次，不管你管理經驗多豐富，讀了這本書都能提升管理能力。第三，我非常想和洛倫·貝爾克（Loren Belker）和加里·托普奇克（Gary Topchik）坐下來聊聊，因為我們的管理理念以及對生活的態度十分一致。最後，我認為要讓這本已經非常傑出的資源變得更好，是一項很大的挑戰。感覺就像要把一顆已經很亮的寶石再度拋光。

因為我無緣見到洛倫或加里，更覺得自己有責任以尊重的態度延續他們的心血，同時加入一些新的觀點，但絕不能因此降低這本書的價值。套用牛頓的話來說，如果我能提供價值，那是因為「我站在巨人的肩膀上」。

謹致敬意。

吉姆．麥考密克（Jim McCormick）

致謝

我要向職涯中接觸及觀察過的各位主管致謝。他們的管理能力雖從卓越到平凡不等，但我從每個人身上都學到了寶貴的經驗。感謝我曾經有幸領導過的團隊成員，因為你們，我收穫了許多快樂和學習的機會。對於我有機會教導的未來主管，我為你們的求知欲鼓掌。特別感謝我的編輯艾倫・卡丁（Ellen Kadin），感謝你信任我，讓我能夠延續這本書的傳承。最後，我要感謝我的經紀人瑪麗安・卡林奇（Maryann Karinch），她比我更了解我的能力。

吉姆・麥考密克

引言

翻開這本書，就代表你與眾不同，並且希望提升自己的管理能力。我們向你致敬，一因你渴望精進專業技能，二因你決心讓他人的職涯更加充實。這本書就是為了幫助你實現這個目標而寫的。

如果沒人跟隨，你就無法帶領一場遊行；沒有團隊，你也無法管理。在本書中，我們始終堅信，團隊若能接受良好領導，總是能比單打獨鬥的人取得更卓越的成果。秉持這一理念，本書也是由一個團隊協力完成的。我們三個人在不同時期，以各自的方式，努力為新手主管或準主管提供最佳的指引。這本書因有我們攜手合作，使成果更加出色。同樣，只要你能將書中的見解付諸實踐，便能受益匪淺。

這本書的建議圍繞兩個核心觀念：用心行事，並且始終保持風範。你永遠不會後悔的。

第一部

學習管理他人

歡迎來到充滿挑戰又令人興奮的主管職位！想要成功，你要重視、理解並引導「人」這一最複雜的系統。這項工作更像一門藝術，而不是科學，而且可能比你做過的任何事情都更讓你有成就感。

第一章

邁向主管之路

成為主管的方式很多種。遺憾的是，許多公司在挑選主管人選時，並未經過嚴謹的程序。通常，公司只根據員工在目前職位上的表現來判斷他是否適合升任主管。雖說最優秀的員工不一定是最好的主管，但很多公司還是以這樣的標準來選人。理論上，他們認為過去的成功表現是未來成功的最佳指標。然而，管理一個團隊所需要的技能與成為優秀貢獻的個人所講求的技能大不相同。

即使員工表現出色並且持續成功，也不代表就能成為傑出的主管。主管一職需要的不僅是技術專長，而是超越技術專長的能力。**主管需要專注於「人」，而不僅是「工作」**。**他們必須依賴他人，而非只靠自己**。他們重視團隊合作，視野廣闊，而不像非管理職位的人那樣，聚焦特定領域且只專注細節。從個人貢獻者轉型為主管，多少像從技術人員變成藝術家一樣。主管像藝術家，因為管理工作經常需要細膩的感覺和主觀判斷，以及一套全新的思維模式。

管理工作並不是誰都做得來

有些公司設有管理訓練計畫，不過品質參差不齊。很多時候，這些計畫會讓那些已經擔任主管多年的人參加。的確，有經驗的主管也應定期接受管理風格和技巧的進修訓練。但是，訓練計畫要有價值，就應該針對那些即將成為主管的人。這樣的計畫不僅可以幫助他們避免犯錯，還能讓他們有機會了解自己是否適合領導他人。管理訓練計畫若能幫助可能成為主管的人認清自己並不適合這一職位，那麼對他、對他所屬的公司來說，都是一件大大的好事。

可惜的是，很多組織仍然採用「自生自滅」的管理訓練方法，要求所有晉升到主管職位的員工自己摸索。這種方法假設每個人都能憑直覺學會如何管理，但事實上並非如此。管理階層是任何組織能否成功的關鍵，然而在許多情況下，這卻完全要靠運氣。任何有過工作經驗的人都看得到，有些晉升未如預期發展，導致受提拔的員工請求回到舊的職位。常言道：「如願以償未必是福。」在很多公司中，如不進入管理階層，晉升機會將很有限。因此，一些本來不該擔任主管的人，也走上管理這條路，如果還有其他途徑可獲加薪和晉升，他們其實並不想當主管。

有公司舉辦一系列的管理研習會，採用這種開明的方法來解決把不適合人選推向主管職的問題。所有可能受提拔為基層主管的人，都被邀請參加全天的研習會，過程中會介紹主管的工作內容，還包含一些簡單但常見的管理問題。公司邀請這些候用人選參加時會告訴他們：「參加這場研習會後，如果你覺得管理員工並不是你理想的工作，直說無妨。這個決定不會影響你其他非管理職的升遷機會或未來的薪資調整。」

大約有五百人參加了這幾場研習會，最後有大約二〇%的人決定不想晉升管理職。在稍微體驗了一下管理工作後，大約有一百人發現自己不適合當主管，但他們仍然是很有價值的員工。這件事很值得深思。如果這個結果具代表性，那就意味已晉升管理職的人大約有二〇%其實不想待在那個位置。很多人之所以接受管理職，是因為他們認為如果拒絕，日後就無望升遷了，而這看法通常也沒有錯。

萬能型的主管

有些人認定「要做好一件事，就得親自來」。這類人通常無法成為好領導者或好主管，因為他們很難放手讓別人負責做事。我們常見如下這類的人：他們只願意交代一些瑣碎的事，至於重要的事一切親力親為。結果他們每天加班，週末也要工作，甚至把公文帶回家。偶爾加班沒什麼問題，誰都會碰上需要多花些時間完成工作的時候。但如果把這當成生活常態，那就是糟糕的管理方式了。這種人不信任自己的團隊，只敢把小事交代給別人，其行為其實反映出他們不懂得如何正確培養員工。

在這種主管的團隊裡，離職率通常很高。員工往往比這些萬能型主管想像的更有能力，但因分配下去的盡是一些瑣事，他們很快就厭倦了。

你可能也在自己的公司裡見過這樣的萬能型主管。如果你在這種人手下工作，麻煩可大了，因為你很難有機會晉升。他們不會給你重要的工作，也就不會讓你展示能力。而且，這類主管很少推薦員工升遷，因為他們認為自己之所以事必躬親，是因為員工不願負責任。他們不會承認，真正的原因是自己不願意授權。我們特別強調不要變成萬能型主管，這是因為要你避免掉入這種行為模式。如果你發現自己只分配小事給別人，就該暫停一下，重新檢視自己的管理方式。

有一種萬能型主管，總是覺得公司沒了他就轉不動。他們很少一次放完整的假，通常只請一兩天，因為他們堅信自己請假太久，公司會撐不下去。明明要去度假了，還留下詳細的指示，規定某些工作要等自己回來後再處理，此外更會交代團隊，一旦有什麼要事，一定要用電子郵件、簡訊或電話聯繫他們。他們會對親友抱怨：「不過才離開幾天，工作上的問題就來煩我。」但實際上，這正是他們希望的，因為這讓他們感覺自己很重要。有些萬能型主管到了退休後，會很難適應，甚至生活失去樂趣。因為對他們來說，退休意味工作的奉獻結束，不再非你不可，甚至生活的意義也消失了。

天之驕子

有時候，某些人只因是老闆的親戚或和老闆有特殊關係，才負責一個部門。如果你不是在這種公司工作，算你走運。就算你是老闆的親友，要在這種情況下承擔更多責任也不容易。你無疑握有權威，但現代企業不講究獨裁治理，同事不會單純因為你被「欽點」就願意為你賣命。即使你是老闆的兒子、女兒或朋友，也需要證明自己的能力。實際上，因為你比別人擁有更多資源，同事可能期待你比其他人表現得更好。你需要接受這種更高的標準，現實就是這樣。別人可能表面上對你恭敬，或者因為你的職位而尊重你，但請看清現實，關鍵是別人對你的真實看法而不是對你說什麼話，而且這會影響他們的表現。

在一流的公司中，員工之所以被選為主管，通常不是因為他們的技術專長，而是有人欣賞他們的領導潛力。而這種潛力是你需要努力培養的。領導能力很難明確定義。屬下會期待主管指點方向，這是因為主管的判斷通常可靠而受重視。當你開始培養判斷力，並發展出正確決策的能力時，這會成為一種良性循環的特質。你對自己決策能力的信心會增強，而這會鞏固你的自信心。隨著自信心的提升，你會更願意做出困難的決策。

領導者能展望未來，並想像自身決策的結果。同時，他們也能撇開個人情感，依據事實來做決定。這並不代表忽略人的情感因素（千萬不能小看），但你必須處理的是事實，而非同事對這些事實的情緒反應。這也不代表你不必在意決策對旁人情緒造成的影響，只是不讓這些影響令你偏離方向。如果上級是基於正當理由選你當主管，那麼新團隊接受你的程度通常會比較高。

第二章

初接主管職務

剛上任當主管的第一週，你絕對會感覺到有點不尋常。如果你對職場行為不甚內行，那麼這段時間觀察到的事會讓你感到驚訝。

融入新的角色

別以為每個人都會為你的升職感到高興。有些同事可能覺得升職的人應是自己，因此會對你的升遷心生嫉妒，甚至暗地裡希望你失敗。

辦公室裡的「馬屁精」會立刻開始巴結你，他們認定你可以幫助他們更上一層樓。這種目的本身沒什麼壞處，但他們的做法可能不夠高明。

還有些同事一開始就來試探你。他們可能問你一些問題，想看看你知不知道答案。如果你不知道，他們會觀察你是誠實承認，還是設法胡亂應付。甚至有人會故意問一些你根本不可能知道答案的問題，就為了看你出糗。

不過，大多數同事會採取觀望態度。他們既不會急著批評你，也不會立刻稱讚你，而是等著看你表現得如何。這種態度其實很健康，也是你能合理期待的最佳狀況。

剛上任時，大家會拿你和上一任主管比較。如果你的前任表現不好，即使你表現得一般，也會顯得不錯；如果你的前任能力很強，那你的壓力就比較大。如果你認為前任最好表現欠佳，現在你才好辦事，那可不一定。糟糕的前任通常會留下很多爛攤子，這也是他為什麼會被撤換的原因。接手這些問題很棘手，但如果你能處理好，也會讓你獲得很大的成就感。而如果你的前任是因為表現優異而受提拔，這就表示你接手的是一個運作良好的團隊。不過無論是哪種情況，你接下來的工作都不會輕鬆，得準備迎接挑戰！

初任主管，第一個決定應該是不要急著改變工作方式。（不過，有時因為情勢緊急，高層可能要求你立即做出一些改變，但這種情況通常會提前公告，讓大家知道改變即將到來。）最重要的是，要有耐心。請記住，**大部分人會把改變視為威脅，無論有意無意都會**

加以抗拒。突然改變常會引發恐懼，這樣只會對你不利，無助於建立正面的影響力。

當你真需要改變時，無論是剛升職還是已經過了一段時間，都應盡量坦率地向團隊解釋改變的內容及原因。雖然改變可能讓人害怕，但未知才是更大的障礙。這並不代表你需要說出所有細節，應該透露多少、保留多少，你身為主管需要拿出判斷力。但越坦誠，越能幫助團隊克服對改變的本能抗拒。

無論什麼情況，尤其是執行改變時，盡量誠實回答團隊的問題。如果你剛上任，不要害怕承認「我不知道」，雖然你不知道，但這完全可以接受。你的團隊並不期望你什麼都知道，他們可能只是想試探能否信任你。編造答案只會損害信譽，讓下屬不再信任你。

如果你一上任就大刀闊斧，團隊很可能反感。團隊不僅因此感到不安，還可能認為你傲慢無禮，是在侮辱前任。許多年輕的新主管因為急於展示自己的權威，反而讓自己陷入更艱難的處境。關鍵是要懂得克制。務必牢記，現在是你在團隊面前「接受考驗」，而不是他們在受你審判。

這裡還有一個關於態度的重要提醒。許多新主管在和上級溝通時表現得很好，但在與下屬溝通時卻不怎樣。然而，影響你未來發展的其實是你的下屬，而不是上司。你的表現將取決於團隊的運作效率以及成果，所以為你工作的人才是你的貴人。信不信由你，他們的重要性甚至超過了公司總裁。這聽起來淺白易懂，但許多新主管都將大部分時間用來討好上司，花在團隊的心力少之又少。說實話，真正掌握你前途發展的，就是你的團隊。

善用新的權力

許多新手主管會犯的錯，就是錯誤使用權力。這特別容易發生在那種「邊做邊學、自生自滅」的職場訓練環境中。問題在於他們覺得，既然現在握有管理的權柄，不用白不用，甚至大張旗鼓地展現。這其實是新手主管最常犯的一個嚴重錯誤。

應該把權力視為一項有限的資源。用得越少，留給真正需要的時候就越多。

如果一上任就擺出「老闆」的架子發號施令，只會讓人留下壞印象。雖然你可能不會聽到別人當面批評，但私下的反應可能是：「哇，她真被權力沖昏了頭。」或者：「這工作讓他抖起來了。」甚至：「升個職就那麼自戀。」你絕對不想碰上這種情況。

少動用你的權力資源，在緊急時刻反而能讓你更有效地加以運用，因為大家知道你平時很少這麼做。你帶領的團隊其實都清楚你是主管，也明白你的請求帶有職位賦予的權威，所以大部分時間，根本不需要硬性使用權力。

在創作領域裡，有個詞叫「言外之意」，其含義是，有時候沒說出口的內容和說出來的一樣重要。這點也適用於權力運用。用請求的方式下達命令，就是一種管理上的「言外之意」。萬一結果不如預期，你還能再進一步說明或強調權威。可是如果一開始就祭出全部權威，卻發現反應太強烈，那麼傷害已經造成，幾乎是不可能彌補權力的濫用。

簡而言之，不要認為你必須動用職位賦予的權威。這種比較溫和的辦法最大好處或許就是，你不會留下一個日後幾乎不可能抹除的負面形象。

個人的親和力

在新任管理職的前六十天內，你應該安排與屬下的每位員工進行個別談話。不要在第一週就這麼做，要給員工一點時間適應你在這裡的事實。如果你立刻就約，可能令團隊成員感到壓力或不安。等時機成熟了，再邀請他們到你的辦公室、吃頓午餐，或是一起到外面喝咖啡，來一場輕鬆的對話，討論他們心裡在想什麼，但除非必要，儘量少說話。這次談話的目的是為了讓員工有機會和你溝通，而不是讓你來向他們傳達什麼訊息。（你有沒有發現，讓對方多說話，反而能讓你看起來像個很懂交談的人？）

雖然員工的私人問題很重要，但最好還是把話題限制在與工作相關的內容上。有時很難劃清公私界限，因為員工可能比較煩惱的是家庭問題，但你一定要避免陷入給員工個人建議的情況。即使你已當上主管，也不代表你就是解決大家私人問題的專家。要傾聽他們的心聲；往往他們最需要的，就是有人願意傾聽。

千萬不要以為這可以用郵件或電話來代替，絕對不行。這兩種方式都不能達到你想建立的關係。如果你有遠距工作的員工，而且在前六十天內無法面對面交流，可能得先利用視訊與對方聯繫。即便如此，也要明確表示，你會儘快安排線下會晤。

理解員工

和團隊成員談話的目的在於給他們機會和你建立溝通的管道。重要的是，你要展現對他們所關心的事真正感到興趣，了解他們在公司裡的目標和抱負。多問一些問題，讓他們能更深入地表達自己的想法。真心關懷別人是裝不出來的，你這麼做是因你在乎員工的安適。而這樣的關懷對雙方都有好處。如果你能幫助員工實現目標，他們的工作效率就會提高。更重要的是，他們會感覺到自己正在朝著目標前進。

所以，在這些初期的談話中，你的目標是**讓團隊成員知道你關心他們，並且願意幫助他們達成目標**。請讓他們明白，你會盡可能協助他們解決工作上的問題。建立一種舒適的互動氛圍，讓他們覺得和你討論難處是一件很自然的事。及時討論小問題或小困擾，也許就能避免將來的大麻煩。

剛開始擔任主管，你會發現自己的技術能力其實遠不如人際能力重要。大部分的問題都圍繞在人際關係，而不是技術層面。如果你的工作本身技術性並非特別高，只要人際能力夠強，一些次要的技術不足通常不會被放大。反過來說，即使你這主管是辦公室裡技術最強的，缺乏人際能力仍會讓你遇到很大困難。

部門裡的朋友

對很多新主管來說，其中一個很常見的問題就是，部門裡那些曾經是朋友的同事，現在變成需要對自己負責的下屬，該如何處理這種關係。這是一個沒有標準答案的難題。很多新主管常問的一個問題是：「我還能和以前的同事，也就是現在的下屬做朋友嗎？」

很明顯，你不應因為升遷就放棄這些交情。然而，你也不希望友誼影響到你自己的表現或者你朋友的表現。不要讓友誼影響你的工作方式。真正的朋友會理解你現在的處境。

你必須確保，當上主管後，對那些曾經是朋友的同事和其他同事一視同仁。這不僅意味不能偏袒他們，也不能為了證明你公平而對他們特別嚴厲。

雖然你當然可以和員工保持朋友關係，但在工作環境中，這種朋友關係會有所不同。身為新主管，你要建立一套原則，對團隊裡的所有成員，無論是不是朋友，都要以相的標準看待對方的表現、行為及責任。另外還須注意，有時候你自以為是「朋友關係」，但看在其他人眼裡可能更像「偏袒」。

有時候，你可能會想找部門裡以前的朋友談心，但這樣容易給人「偏心」的印象。而且你絕對不能真的偏心。如果需要有人商量，最好找其他部門或單位的主管。你也可以考處找前同事兼朋友的人談談，建議他們調到其他部門工作。如果你真的珍惜這段友誼，而且你的新角色可能會讓友誼變質，那麼最好的選擇或許是，不要讓朋友直接對你負責。

調整團隊架構

隨著時間推移，你可能會想優化團隊的組織結構，但除非你對團隊成員和他們的角色非常熟悉，否則不要太快做出改動。重組對所有人來說都很有壓力，所以最好少做，但要做就做好。雖然可以修正組織結構調整時犯的錯，不過最好一開始就避免犯錯。

檢視團隊裡的上下級關係時，特別要注意直接向你匯報的人數，這就是所謂的「管理幅度」（span of control）。近幾十年來，資訊科技讓組織層級更精簡、更扁平化。這種扁平化如果執行得當，可以促進更有效率的溝通和優質決策。然而，組織結構的扁平化也需要找到平衡點，才能真正發揮作用。

經驗不足的主管有時會犯下「管理幅度」過大的錯誤。這其實很容易發生，因為幾乎每個人都希望能直接向你匯報。一來這讓他們能更接近最終的決策者，二來這在組織內部也代表了一種地位。但問題在於，你能有效管理的直接匯報人數有限。

如果管理幅度過大，直接匯報的人太多，你會發現每天早上辦公室門口都排著隊，電子郵件信箱裡也塞滿了訊息。整天時間可能都耗在處理直接匯報人的需求和問題上，還常常忙不過來。結果是，當天的事情還沒解決完，隔天又要接著趕進度，幾乎沒有時間執行長期的思考和規劃。過大的管理幅度幾乎注定失敗。

那麼，什麼樣的管理幅度才適合你呢？這取決於一些變數。例如，直接匯報人所處的地理位置。如果他們和你在同一個辦公地點，管理幅度可以稍微擴大一點，因為面對面溝通會比較順暢。另一個因素是他們的經驗水準。一位能力出眾的資深員工可能不需要你花太多時間，而新員工或是剛被調任新職、承擔新責任的人，至少在一段時間內，會需要你花較多時間關注他們。

有條簡單的經驗法則：直接匯報的人數不應多到無法每週和每人至少開一次會。這裡指的是實際的一對一面談，可以是當面開會，也可以是視訊通話，但不能只是開個團隊會議。考慮到你還有很多其他事情要做，每週最多安排五位直接向你匯報的人比較合適。這樣每天安排一場一對一晤談，剛好符合一週的工作節奏。

要小心，不要隨便錯過這種會面，因為那是你高效管理的關鍵。如果直接向你匯報的人知道每週一定能和你談話，他們會把需要討論的事項留到那時，這比在走廊上碰到時隨便聊上幾句、在機場打電話、或簡訊和郵件來回更有效率。

如果下屬無法按固定時間與你直接溝通，他們就更容易在任何他們覺得需要你關注的事情發生時去找你。這樣會產生兩個負面結果：第一是會有更多突發的聯繫，而這種聯繫並不利於你深思熟慮後才做決策；第二是會有更多問題提到你面前，而這些問題其實不一定需要你親自處理。如果你能夠遵守每週和直接下屬開會的安排，並且訓練他們儘量將問題留到會議上再提，你會驚訝發現，能解決的問題比你想像中的要多，很多原本需要找你處理的事，他們都會自行解決。

調控情緒狀態

你的下屬對你當下的情緒非常敏感，當你情緒起伏較大時尤其如此。在成熟的主管工作習慣中，發脾氣是大忌，而成熟與年齡並無關聯。偶爾顯露你不滿的情緒是有效的，但必須真誠，而不是在耍心機。

每個人偶爾都會受到外在問題的影響，但這些問題可能會讓我們的情緒變壞。許多管理書籍告誡我們，必須將個人的問題留在門外或家裡，不要帶進辦公室裡。這種態度過於天真，因為誰也無法完全屏除個人問題，讓它不致影響工作表現。

不過，你倒可以盡量減少這些問題對工作的影響，這點毫無疑問。第一步是承認有事讓你不開心，並且這可能會影響你與同事的工作互動。如果能做到這一點，你大概可以避免讓別人承受你個人問題的負面影響。如果私人問題讓你心煩，而你正需要處理下屬的一個緊急情況，那麼告訴對方：「今天我的心情不算太好，如果我看起來有點煩躁，希望你能包涵。」這種坦誠態度會讓下屬覺得耳目一新。與其讓團隊成員覺得是自己讓你變得冷淡或是激動，倒不如直接說你分心了要好得多。

千萬不要以為別人察覺不到你的情緒變化。情緒變化如果太劇烈，管理效果便會下降。此外，下屬可以知道你何時會發生這種變化，並且看出苗頭，明白怎麼避免在你情緒低落之際處理問題。他們會等你情緒平復後才來找你。

管理情感

你應努力保持脾氣穩定。但當主管不是要你不受任何事情困擾，讓你總是顯得不喜不悲、沒有強烈情感起伏。這樣反而不好。如果別人覺得你隱藏一切情感，就不會認同你。始終保持冷靜則是另一回事。有充分的理由讓你保持頭腦清醒。如果你在困難的情況下保持冷靜，就更可能清楚思考，並將棘手問題處理妥當。你可以在不失冷靜的前提下流露情感，如此一來，旁人就不會說你是「管理機器」。

要成為出色主管，你必須關心員工，但這並不代表你要像個傳教士或社會工作者。如果你喜歡他們陪伴並且尊重其感受，你在工作上會比那些任務至上的主管更有效率。

事實上，這正是許多公司自找麻煩的地方，因為它們設想，應將最有效率的員工拔擢為主管。這種員工可能因為任務至上而效率高，但將其升遷到需要監督他人的職位，並不會自動讓他們變得以人為本。

第三章

建立信任與信心

建立信心的過程是漸進的。你主要的一個目標是幫助員工建立信任與信心，不僅是對自己能力的信心，還包括對你的信任。他們要相信你既有能力又公平。

習慣成功

幫助員工建立信心並不是容易的事。你的目標是幫助他們養成成功的習慣。信心建立在成功的基礎上，因此身為主管，你的工作就是給他們一些可以完成的任務。尤其對新員工，最好分配他們能勝任的任務，從小任務開始，幫助他們逐步累積成功的經驗。

有時，某一團隊成員可能做錯事，或者完全搞砸。你如何處理這些情況，對員工的信心會產生很大影響。千萬不要在其他人面前糾正下屬的錯誤，一定要遵循「公開表揚，私下批評」的原則，這對你會很有幫助。

私下與某一團隊成員討論錯誤時，你的目的在於訓練他們認識問題本質，避免重蹈覆轍。你對犯錯的態度比說的話更重要。你的語氣應該著重在糾正導致錯誤的行為上，而不是對個人做出任何評價。絕不要說或做任何讓員工感到自己無能的事。你的意圖在於建立信心，而非將它摧毀。如果你會因為讓團隊成員感到難堪而沾沾自喜，應該好好反思自己的動機，畢竟靠貶低別人來顯揚自己並不可取。針對錯誤，就事論事分析哪裡出了問題，弄清誤解發生在哪個環節，然後繼續前進。平常心看待小錯誤，不要化小為大。

讓我們來扼要談談「公開表揚」這個原則。這個概念過去幾乎被人視為金科玉律，不過有些主管發現此舉可能造成困擾。受表揚的人會因為讚美而感到溫暖與滿足，但其他未受同等表揚的員工可能產生負面情緒，甚至將失落感歸咎於受到表揚的同事。此外，讚揚某位員工時，如果他的同事也在場，可能讓他感到不自在。

因此，公開表揚需要謹慎。為何要冒著讓員工之間產生嫉妒或不滿的風險，令他們在職場上不好過呢？如果你想大力讚揚某一員工的傑出表現，不妨在辦公室裡私下進行。這樣，你既能達到表揚的效果，又不會引發同儕間的嫉妒或不滿。

但是另一方面，如果你的團隊彼此合作愉快，互相尊重努力成果並且正在實現目標，公開表揚反而能提升整個團隊的士氣。因此，我們可以將該原則稍微修改為：「根據員工個人的偏好以及團隊的氛圍，選擇公開或者私下表揚，但批評始終應該私下進行。」

你還可以讓下屬參與部分決策過程，藉此提升他們的信心。你只要不違背主管的監督義務，不妨讓員工對與自己相關的事項提供意見。當團隊即將執行新任務時，這正是一個邀請下屬參與的好機會。可以徵求他們的想法，看看新任務該如何融入日常工作中。

此舉能夠傳遞一項重要訊息：你很重視下屬的想法和意見。同時，邀請團隊成員參與討論也對你自己有益，因為他們往往比你更清楚實際情況，可能提出你不曾想到的見解。

但最重要的是，要讓下屬明確感受到你是誠心想聽取意見。如果他們看出你只是敷衍了事，那麼你不僅浪費時間，還可能失去他們對你的信任。

身為主管，你會遇到一個挑戰，那就是有些意見可能並不實用。你要表明自己重視並感謝這些意見。若無法採納建議，最好扼要說明原因，但切記不要批評該建議或提議者。藉由這種參與方式，新的方法更可能成功，因為這不只是你的辦法，而是大家共同的方案。

這並不代表員工替你做決定，而是讓他們參與決策前的討論過程，他們會與你一同合作，而非被動接受強加的新制度。此舉的結果通常是員工更願意接受，反抗也會更少。

苛求完美是個陷阱

有些主管對員工期望過高，因此要求他們做到完美。雖然他們知道不可能，但認定這樣做能讓員工表現得更接近完美。然而，這種辦法往往適得其反。一些員工因為過度擔心犯錯而變得小心翼翼，導致工作效率嚴重下降，甚至可能失去信心。

此外，過度要求還會讓員工心生不滿，認為無論如何努力，你都不會滿意，這對他們的信心也是一種打擊。你應該清楚公司對工作表現的標準何在，追求卓越無可厚非，但如果能讓下屬參與制定改進計畫，你的成功機率會更高。如果員工對計畫有參與感，目標便更容易實現。

你還可以在部門內部建立團隊精神，藉此增強員工的信心。不過，務必確保這種團隊精神支持公司整體文化，而不是與之互別苗頭。

建立信任極其重要

除了包容犯錯、幫助員工認識自己的不足、給予讚賞與認可、讓他們參與決策過程，以及避免追求絕對完美之外，身為主管，你還可以透過許多其他方式來建立信任。

例如，你可以和團隊成員分享組織和部門的願景，讓他們更清楚目標是什麼，還有他們的付出如何有助於達成這些目標。

你可以給員工明確指示，這不僅展現出對工作的掌控，也代表在引導團隊走在正軌。你還可以分享自己成功的案例與曾犯的錯誤，藉此拉近與團隊的距離，讓你更具親和力。此外，與每位團隊成員單獨交流，了解他們對這份工作的期望，展現你真正的關心，以及幫助他們專業成長的誠意。

透過這些策略，以及你設計的其他方法，都能打造一個充滿信任的環境。

第四章

表達謝忱

第三章提到給予正向回饋或讚美十分重要。這是一種激勵員工並營造良好工作氛圍的最佳方法。然而，許多主管卻忽略了讚美直屬部下，這是一個嚴重的錯誤。讚美能讓他們知道你關心他們的工作，也讓他們明白自己的努力是有價值的。

仔細想想，說句美言通常只需要幾秒鐘，而且不需要任何成本，但對多數員工卻能發揮很大作用。你可以面對面讚美，或者利用電話、電子郵件或簡訊傳達。雖然面對面是最理想的方式，但如果員工分布在不同地點，或無法及時見面，你可以打電話、寫電子郵件或簡訊。簡訊的一大優勢是，它能立刻傳達給對方，而且大多數人都會忍不住盡快查看新收到的訊息。

有些主管自己從來沒有被人感謝過，所以可能不懂如何表達感謝。但這樣的循環可以由你打破，從現在開始表達感謝吧！還有一些管理者認為，員工拿薪水本來就應該表現良好，因此沒有必要讚美。這種邏輯是不對的。主管應該牢記，如果多給些讚美，員工的表現可能更好。讚美既不花錢，又幾乎不費時間，有什麼好吝惜的呢？

身為主管，你的目標是激勵團隊成員發揮最佳表現。如果他們值得稱許，就以適當的方式表達讚賞，這是激發他們潛力重要的一環。

許多主管，尤其是新手主管，讚美別人時會覺得不自在。這可以理解，因為這對他們來說可能是一項新技能。如果想要更自在地表達感激，就需要多加練習。以下是一些給予讚美或表達感激時可以參考的重點：

- ✍**具體說明**：如果主管希望屬下再次展現某項優點，就需具體給出正面回饋。描述越清楚，越能鼓勵員工重複行動。不要只說：「你上星期的表現很棒。」可以改成：「你上星期處理的事很棘手，幸虧你展現了高超的溝通技巧和敏銳的判斷力。」
- ✍**描述影響**：大多數員工都想知道自己的工作是如何與更大的目標產生連結，比方如何幫助實現部門、團隊或整個組織的目標。如果真有這樣的連結，一定要告訴他們，讓他們知道其貢獻所產生的正面影響，不僅局限於團隊內部。
- ✍**適可而止**：有些主管會給予過多的正向回饋，結果導致讚美的作用減弱了，甚至讓人覺得不夠真誠。確保你的讚美具針對性而且實至名歸，否則讚美就會失去價值。

實際操作技巧

給予讚美或表達感激包括兩個步驟。**第一步**，具體描述值得讚賞的行為、舉措或表現。例如：「你新設計的產品目錄封面很有創意。」**第二步**，解釋為什麼值得讚賞，以及這項貢獻對業務的影響。例如：「這個新設計很可能會提升銷量。」

舉個例強調這一點。在一場三十人出席的討論會上，有人提出如下兩個問題：

1.你看過最人性化的管理實例是什麼？

2.你經歷過最糟糕的管理實例是什麼？

幾乎所有回答都與受讚賞或被忽視的實例有關，而且在員工覺得自己應該受肯定的情況下尤其如此。這不令人意外。不過令人驚訝的是，大家對這個話題流露出的深刻情緒。

其中一個回答堪稱經典：有位年輕人分享，主管曾要求他開貨車到五十英里外的偏遠地區執行一項重要的維修工作。晚上十點半他才剛回到家，電話響了，是他主管打來的。

對方說：「我只是想確認你平安到家了。今晚天氣不太好。」主管甚至沒有問維修情況如何，這顯示出她完全信任這位年輕人的能力。她只關心他是否安全到家。這件事發生在五年前，但是這位年輕員工記憶猶新，彷彿那是昨天的事。

根據美國一家大公司所做的一項調查曾問員工：哪些工作條件對他們來說很重要。結果薪水只排在第六位。而排在第一位，且差距顯著的，竟是「認可我的工作成果」。

如果你希望自己在工作上受主管肯定，那麼你也要體認到，對你手下的員工來說，這點同樣重要。每當員工應受肯定，不要吝於表達讚賞。你或公司都不需為此付出成本，且其價值往往超越金錢上的回報。

第五章

用心傾聽

成功管理的祕訣之一就是具備用心傾聽的能力。用心傾聽的意思是讓對方感受到你把他的話聽進去了。你不妨這麼做：參與對話、弄清對方意思、提出問題、總結你聽到的內容，並且配上適當的表情和語氣。最懂傾聽的人都是積極參與的人。

新任主管應該關注自己在溝通及用心傾聽的能力。許多新主管誤以為，自己被提拔了，所有人都應該聽進他們說的每一句話。這是錯誤心態。傾聽越多，成功機會越大。那要聽到什麼程度才算夠呢？剛開始，確保自己說出去的話不超過聽進來的三分之一。

用心傾聽是新任主管所能展現的一項關鍵特質，原因有二：如果你經常用心傾聽，別人就不會覺得你是自以為是的人，畢竟大多數人會這樣看待那些話太多的人。多聽少說，你就可以了解更多情況，掌握那些如果只顧講話就會錯失的洞見與訊息。

大多數人其實不擅長用心傾聽，因此了解為何傾聽這件事並不容易，是非常有幫助的。

不善傾聽的人

許多人認為，世界上最美妙的聲音就是自己的聲音。在他們聽來，那簡直是天籟，聽不膩，還要求別人也聽個沒完。這類人通常更感興趣的是自己即將說出的話，而不是別人正在說的。事實上，大多數人幾乎能記住自己說過的每一句話，卻幾乎記不住對方說了什麼。這就是所謂的「耳朵開小差」，聽一半漏一半，根本沒有用心傾聽。他們忙著思考自己即將說出的機智話語，而不是專注聽對方的話。要是本章你只記得住一句話，請記住這句能幫你大幅提升管理能力的建議：**如果你想贏得優秀主管的名聲，那就用心傾聽吧**。

許多主管，無論新手還是資深，往往說得太多、聽得太少。如果只顧說話，你是學不到什麼新東西的；反之，如果專注傾聽，則能學到很多。新手主管常誤以為，既然自己現在當老大了，大家必定全神貫注聽他說話。但實情是，你說得越多，就越有可能讓別人覺得無聊，甚至疏遠你；反之，你聽得越多，就越能學到東西，同時表現出你對別人想法、經驗和意見的尊重。就一位領導下屬的主管而言，這種選擇似乎再自然不過了。

另一個原因是「理解速度差距」。大多數人的說話速度在每分鐘八十到一百二十字之間。假設平均說話速度是每分鐘一百字。然而人們的理解能力遠高於這個速度。過速讀訓練並保有技能的人，每分鐘能理解超過一千字。如果你以每分鐘一百字的速度說話，而聽者以每分鐘一千字的速度理解，這就形成九百字的理解速度差距。每分鐘一百字的說話速度不需全神貫注，因此會心不在焉。可能開始想別的事，偶爾才回神聽對方說了什麼有趣的內容。你必然經常看到聽眾在會議或簡報中查看電子郵件或簡訊，雖然他們可能還算「注意」說話內容，但並未全心投入。如果我們對自己的想法比對講者的話更感興趣，可能要過很久才再次回神去聽對方在說什麼。誰都希望別人專心聽自己說話。成為用心傾聽的高手，就是在提供一項極具價值的服務。對下屬來說，願意用心傾聽的主管能滿足這個重要需求。

積極傾聽

積極傾聽的人具備許多特質以及技巧，而這些能力都可以與時俱進培養。他們懂得鼓勵對方暢所欲言，並且在自己發言時不會把話題扯回身上，而是繼續延伸對方話題。他們藉由一些特定的語句或肢體語言，表現出自己真誠地對談話內容感到興趣，例如對方說話之際注視著他，表明專注於對方的話題；偶爾點頭表示理解對方的意思；微笑則傳遞出你享受這場對話的訊息。

你和下屬討論問題時，腦中可能會冒出其他想法。這時需要控制這些雜念。在對方闡述問題時，設法預測對方接下來的話鋒。他會提起哪些問題？如果對方提出解決方案，你就試著想想，還有沒有其他可行方案。理想的情況是，你應該把注意力百分之百放在對方的話上，但現實中理解速度的差距常使得貫徹注意變得困難。務必克制紛亂的思緒，這樣才能專注於眼前的話題，而不至於讓心神飛到九霄雲外去。

如果偏偏有個念頭揮之不去，干擾你的專注，可以暫停對話，然後告訴對方：「請等一下，讓我的腦袋靜一靜，這樣我就能專心聽你說話了。」接著將不斷閃現你腦中的想法或念頭寫下，然後再度用心傾聽，以免讓對方覺得你心不在焉。

如果你發現自己在腦中反覆思索該如何回應，同樣的技巧也適用。如果你迫不及待想打斷對方，以便快快說出自己的想法，那就不叫用心傾聽了。這時你可以禮貌地中斷對話，簡單記下你的想法，再回到對方的話題上。

一句適時評論可以讓對方覺得你對他所說的內容真的感到興趣，這是用心傾聽最直接的證據：

- 「挺有意思。」
- 「多說一點吧。」
- 「你覺得她為什麼那麼說？」
- 「你為什麼會有這種感覺？」

一句「挺有意思，多說一點吧」，就能讓你在所有交談對象眼裡成為溝通高手。

積極傾聽最重要的一環，就是能**重述理解的內容**。重述之所以這麼有效，原因有二：**第一，清楚表明你在專心聽話**；**第二，大大降低誤解的機率**。其實，重述的方法很簡單：對方講到一個關鍵點時，你可以插上一句「我來確認一下是不是正確理解你說的」，接著用自己的話重新表達對方的意思，再問：「是這樣嗎？」這麼一來，不僅讓對方感受到尊重，也能表現你重視他所說的內容。

積極傾聽還意味三種溝通形式必須一致：用詞、表情與語氣。假如你說「挺有意思，多說一點吧」，但卻皺著眉頭，或者語帶諷刺，對方會接收到令他困惑的訊息。同樣，即使你用詞得體，但如果在說話時東張西望，或者因為忙著準備接下來的回應，甚至低頭查看文件或其他東西，這些行為都會傳遞出不夠專注的訊息，甚至讓對方懷疑你是否真正在乎這次談話。

如何結束談話

一旦主管風評是擅長傾聽，屬下可能爭相前來討論各種話題。有些人甚至會賴著不走，覺得和你聊天比工作更好玩。因此，你要在管理工具箱中準備一些方法結束這類對話。

所謂的結束對話語句，幾乎所有上過班的人都聽過，比如：

- 「感謝你來一談。」
- 「和你聊得很愉快。」
- 「你說的話值得深思。」
- 「先讓我想一想再回答你。」

這類說詞是很典型的結束對話用語。此外，結束對話還有一些更巧妙的暗示，你可能也聽過。了解這些技巧有兩個好處：一是當更有經驗的主管對你這樣說時，你能立即會意；二是時機對的時候，你也可以運用這些技巧。

如果你在別人的辦公室談話，發現即使電話並未響起，而對方仍伸手碰了碰電話筒，這就是對方想結束對話的訊號，意思是：「希望你趕快走，我有電話要打。」或是拿起桌上文件，不時瞄上一眼。這種動作傳達的訊息是：「你走開後，我有事要處理。」

再一個常見的方法是，對方轉動椅子，身體側向一邊，似乎準備起身。如果這還不奏效，他們就直接站起來，這個動作通常能讓人意識到交談該結束了。雖然比較直接，但有時候是必要的。

有時候，屬下跟你聊得很開心，卻忽略所有的暗示，這時有一句明確的結尾語可以派上用場：「很高興和你聊到這些，但相信我們都還有很多事要處理。」對方如果無法領會其他暗示，這樣的說法既不失禮貌，又能有效結束對話。

如果你事先知道某位同事或下屬不太可能領會你的暗示，可以在一開始就明確表示：「我現在只有一點時間，萬一時間不夠用，我們可以安排一下，稍後繼續討論。」這種方式通常十分有效，訪客會在有限的時間內把話說完。

認識這些結束對話的技巧很重要。當然，你應該盡力讓對話切中要旨，避免別人對你使用這些技巧，你對他人也是能免則免。其實，還有很多其他方法，你可以根據自身經驗逐漸總結出一份清單，因為每個人都會用自己偏好的方式來結束對話。

總結

大家都喜歡與真正關心他們的人相處。良好的傾聽技巧不僅有助於發展職涯，也能改善個人生活。值得注意的是，你可以從一開始就運用這些技巧，因為你知道別人會喜歡和你在一起。你會變得受人愛戴，而你的團隊成員則有幸擁有讓他們感到自在的主管，大家都能從中受益。

剛開始，你可能努力提升自己傾聽的技巧，隨著時間推移，技巧變得自然。起初你可能覺得這種行為像是在扮演什麼角色，但不久後，你會發現已經無法分辨什麼時候只是角色扮演，什麼時候才是真正的你。經過一段時間的練習，這些新的傾聽習慣會讓你感到十分自如，進而成為你日常行為的一部分。你會從中獲得很大的滿足感，因為你成為了讓人樂於相處的對象。同時，你也會成為更有效率的主管。

第六章

新手主管的職責與應避開的陷阱

那麼，主管真正的工作是什麼？這個問題答案不止一個，不過最有幫助的答案是如同演員看待角色那般看待管理職務。身為主管，你要扮演多重角色：教練、教師、設定標準／評估績效／給予激勵／展現願景的人等。你會根據當前情境和自己希望達成的目標來選擇合適的角色。許多新任主管經常聽到「做你自己」的建議。但這建議其實不怎麼好，因為這會阻礙你扮演那些能讓你成為成功且有效主管的不同角色。

另一個誤解是，許多新主管會認為自己的角色在於指導，也就是告訴別人該做什麼、如何做，確保任務得以完成。這可能是工作的一部分，有時確實需要如此。然而，長遠來看，能夠讓你和下屬成功的關鍵在於幫助他們學會自我管理。這意味你必須得到他們的支持和承諾，並與他們共享權力，同時盡可能排除一切妨礙他們邁向成功的障礙。

主管主要的責任是什麼？

大多數管理專家認為，無論你在哪裡工作或者誰在為你工作，主管都有些共同的主要責任。這些主要責任包括招聘、溝通、規劃、組織、訓練、監督、評估以及解僱。當你越來越熟悉並能自在履行這些責任時，管理工作也會越來越容易。本書會在後續章節中深入探討這八項責任，下面我們先來加以定義：

一、**招聘**要找的人應該具備必要的技能或潛力，不但有信心能成功完成工作，還能對此做出承諾。

二、**溝通**是將組織的願景、目標和計畫傳遞給員工，也意味與員工分享有關部門、單位、團隊或業界中發生的事。

三、**規劃**是為了達成部門目標（進而達成組織目標）而決定需要做的工作。

四、**組織**是確定完成每項工作或計畫所需要的資源，並且決定由哪些員工執行任務。

五、**訓練**是評估每位員工的技能水準，找出技能差距，然後提供相應的訓練機會來縮小這些差距。

六、**監督**是確保工作如期執行，並且每一位下屬在計畫和任務上都能成功。

七、評估是衡量團隊成員的表現，向其提供有價值的回饋，同時將其表現與成功所需的標準加以對比。

八、解僱是從團隊中移除那些無法為自己或團隊作出必要貢獻的成員。

真誠關切

全心全意關切你所負責之範圍內人員的需求，這是一種有效履行主管工作的方式。有些領導者誤以為對下屬表現關切形同怯懦的表現。然而，真誠關切其實是力量的體現。注意員工福利並不代表示弱，反而顯示出你對員工的重視。

你的關切假裝不來，必須真誠。真誠關心展現在幫助團隊成員接受適當的挑戰，並獲得應有的認可，同時在表現出色時給予獎勵，以及根據對方成績及時表達意見。你不能心生「我要當個好好先生」的敷衍想法，而是真正承擔起責任。實際上，你與團隊彼此負有共同責任。

你的任務在於確保公司目標與團隊成員的個人目標不致衝突，並讓後者明白，他們只有幫助公司實現整體目標，才同時得以實現自己的目標。

你是主管，團隊成員必會依賴你來領導。你是公司與下屬之間的橋樑，組織整體策略與目標的重要訊息要由你來提供。因此，要讓團隊掌握最新資訊，這是你職責的重要一環。如果試圖隱瞞訊息，或者吝於分享，你將得到相反效果。

如果你的團隊無法從你這裡獲得所需訊息，他們便會到組織內其他地方探聽答案。但這樣做，不僅可能因為接收到的是間接或二手訊息而致誤解，還可能因為你不願提供辦事成功不可少的消息，讓他們覺得你不支持、不尊重他們。

避開陷阱

大多數新手主管通常只需領導少數下屬，因此可能傾向過度涉入每個人的業務。然而，隨著逐漸晉升，你管理的團隊規模可能擴至三十五人，這時還干涉每個細節就不切實際了。現在就該開始適度放手，專注於整體專案的進展，而非每一項具體細節。

新手主管有一個常見的潛在風險：你現在管理的可能包括那位接手你過去業務內容的員工。在這種情況下，你很容易不自覺地把熟悉的工作看作比其他任務更重要。畢竟，那是你曾經擅長並且投入大量精力的工作，所以可能會有偏好或情感上的依賴。然而，身為主管，你的角色要具備更加開闊的視野，而不應該過度看重單一領域，進而忽略其他同等重要的責任或團隊需求。如果無法克服這種偏差，可能導致管理重心失衡，進一步影響整體績效和團隊協作。**人性使然，我們往往認為自己熟悉的事情比其他事情重要，但是身為主管，這樣的心態會導致管理失衡**。你必須抵擋住衝動，不要將過去的工作內容當成個人嗜好全心投入，畢竟那只是眾多任務中的一項，而不是全部。

通常，你的第一份管理職位可能是專案負責人或領導者，既需要管理他人，又需要完成自己的任務，等於身兼兩職。如果你處於這種情況，起初必須一直關注細節並且參與其中。但等你晉升為全職主管後，不要把過去的業務當成「職場嗜好」帶進新的角色，否則可能會分散你對全局的注意力。當然，也不要把這個建議執行得太徹底。有些人一旦晉升為主管，就在團隊面臨關鍵或危機時袖手旁觀，甚至下屬在截止日前忙得昏天暗地的時候，只顧閱讀管理雜誌，理由是「我現在只負責管理」。這種行為可說是愚不可及。事實上，如果你在關鍵時刻捲起袖子幫助團隊解決問題，不僅能建立良好的關係，還能樹立榜樣。

在你過渡到主管角色時，需特別留意一個管理上常見錯誤：只授予責任，卻不賦予相應的權限。你可能也曾有過這樣的經歷：上級分配一項任務，卻沒有足夠的權限可以完成，結果要麼無法執行，要麼不得不回去找上級，請求授予必要權限。說白了，你就是被扔進完全沒有贏面的處境。

通常，主管並非故意這樣，而是沒能充分考慮到完成任務所需的權限。同樣，你也可能無意中對下屬做出類似安排。因此，**在分配任務時，問問自己是否授予了完成任務所需的權限，甚至不妨在分配任務時就和下屬討論這個問題**。身為主管，你的成功取決於團隊的成功，而讓團隊成功的要素之一就是確保責任與權限相互匹配。

平衡視角

在所有管理事務中，保持平衡至關重要。你可能碰過這樣的主管：「我是關注大局的人，別跟我提細節。」不幸的是，許多主管普遍都有這種特質。他們過於著眼大局，反而忽略了能讓整個大局得以實現的細節，也可能無視完成細部工作所需付出的心血。

另一方面，有些主管，尤其是剛從基層升上來的新人，可能過度沉迷於細節，以至忽略整體目標。無論過於偏向細節還是大局，都不可取。主管要在兩者之間找到平衡。

第七章
與上司的相處之道

第六章提到主管對員工應有的態度，但同樣重要的是，主管也要注意自己對上司的態度。未來成功與否取決於如何與上下級保持良好的關係。如果你剛獲得公司大幅提拔，可能會對老闆充滿感激，也對管理高層賞識你的才能而感欣慰。隨著新職責的到來，你要展現更高層次的忠誠。畢竟，你現在已躋身管理團隊。無法認同團隊，就無法成為其中一員。

對上司的忠誠

在現代社會中，對雇主的忠誠越來越少見了。盲目忠誠向來不是好事，但忠誠不等於出賣靈魂。假設你的公司和上司不是在詐騙社會，就值得你忠誠以對；反之，你根本不該為他們效力。

所以，我們先假設你相信公司的宗旨正當，而且也滿意它的目標。這裡所說的忠誠，是指執行道德上可接受的政策或決策。如果你的職位讓你有機會對所負責的業務提供建議，你需要盡一切努力，確認建議經過深思熟慮，且能考慮到多方面、多層面的觀點和需求。不要成為目光狹隘的主管，僅為自己所轄部門的利益而提建議。這樣的建議缺乏全面的視野，所以會失去公信力，最終不再受到重視。

如果你是經過多方考量才提出建議，且符合公司整體利益，那麼你的意見將會更有價值，也更可能經常受到採納。重要的是，你在決策過程中的貢獻可以超越自己的管理層級，發揮更廣泛的影響力。

不過，有時可能出現如下情況：某項決定或政策與你的意見完全相反。這時，別人期待你會支持，甚至指派你去執行。如果你不清楚做出該決策的原因，那就應該主動詢問你的主管。你可以向對方解釋，自己希望了解決策背後的邏輯和考量，這樣能幫助你妥善地加以執行。設法了解形成這項政策時的重要考量因素與敲定整個決策的過程。

如今，盲從上級的觀念已經落伍，然而許多主管和管理高層仍希望下屬唯命是從。

如果你想把管理工作做到很出色，你有權了解公司做出重大決策背後的理由。不過，你的上司可能選擇盲目服從他的上司，管理高層的訊息也被他保密到家，好像一切業務都是最高機密，並把你當敵人那般提防。

如果他們採取這種方式，就犯了第六章所提到的錯誤：未能提供你完成工作所需的資訊。在這種情況下，你可能要自行填補訊息空白。不幸的是，你還得適應他們對資訊保密的偏執。如果這項政策涉及其他部門，你或許能從那些部門同一層級的同事那裡獲取相關訊息。如果你在某部門有朋友，而那位朋友的主管願意向下屬公開訊息，那麼你也許可以從朋友那裡輕鬆獲得你要了解的內容。

你有責任

在與你的主管合作並溝通的過程中，你承擔建立良好關係的重要責任。以下是你應該做到的幾點：

✍ **保持資訊透明：**隨時向主管匯報計畫、行動和專案的進展。

- **顧及主管時間：**體諒主管的時間安排，預約會議或討論盡量選在對方方便的時候。
- **充分準備：**將觀點和問題以邏輯清晰、客觀的方式表達，並用具體事例和數據加以支持。
- **願意傾聽：**接受主管的觀點，他可能具有你所欠缺的經驗或資訊，而這些因素或許導致不同的結論。

面對不講理的主管

我們生活的世界並不完美，因此在職涯中，你可能面臨向一位難相處的主管負責的情況。這位主管可能管理不當，甚至本人讓你感到不快。遺憾的是，即使你再如何巴不得，也無法直接解僱一位不稱職或不講理的主管。

說坦白話，如果有一位資深主管很難相處，你就該想想，為什麼大家會容忍這種情況。如果整個組織都知道很難和他共事，為何管理高層仍然讓這種情況繼續下去？

另一方面，如果部門裡的其他人都覺得這位主管表現不錯，只有你有意見，那情況就完全不同了。如果你是剛加入部門的新成員，可以給自己一些時間適應，反應不要過於迅速。只要你工作表現優秀，並且不要太敏感，問題可能迎刃而解。這可能只是「風格」問題，而非「實質」問題。

不過，如果你的主管確實對你或你的直屬部下造成實際問題，就必須採取行動。根據組織的行政環境和文化，不同策略可能會有不同效果。首先，試著直接與主管溝通。以專業且有禮貌的方式表達你的看法，說明對方的行為、政策或做法如何對業務核心造成影響。重點放在「組織的利益」上，而非針對「個人」。討論可以用建設性、非批判性的語句開場，例如：「我們可能錯失了一些提高效率的機會。」藉由這種方式，你能夠以正面的方式提出問題，並且更有可能解決問題。

舉例來說，假設你的主管對你下屬下達的指示與你的指示不一致，導致出貨延誤以及客戶申訴，而這些都是影響業務成果的問題。即使主管不樂於聽到這些話，應該還是欣賞你坦率指出問題的態度。很多時候，主管可能並未察覺自己在做一些不利的事，需要旁人點醒。因此，你應該定期與主管會面，討論需解決的問題。即使主管認為多此一舉，你還是該堅持。設法解釋定期溝通如何有助於防止問題的發生，並提高雙方的工作效率。

另一方面，如果組織未分配導師給你，你應該主動物色。導師必須在組織內受人尊重，並且深入了解組織的運作規律。他們可以指導你，並分享長期以來積累的精到見解。

假設你的主管不喜歡聽取屬下的回饋，那你該怎麼辦？這時，理解組織內部的行政和文化以及導師的協助就變得非常重要。你可能需要找其他人來與你的主管溝通。這個人可以是與主管同層級的同事、組織內的共同朋友或是人力資源部門（如果他們聲譽良好並且秉持公平行事）。如果上述方法都不奏效，你或許不得不冒最大的風險，越級向主管的上級反映問題。可是切記，一旦你選擇這麼做，很可能永久損害你與主管之間的關係，但有時你別無選擇。你採取這種行動，是為了你的團隊，或是組織的整體利益。

最後還有一個選擇。你不妨這樣想：「這位主管很難相處，且多年都如此。沒人在意，或者沒人願意改變他的行為。在這種環境，我的主管對我成功與否影響重大。或許這裡不適合我，該考慮調到其他部門或者換個公司，看看有無更理想的發展機會。」

趕走優秀人才

許多公司確實會趁經濟不景氣的時期，加大對員工的壓力，因為它們認定員工此時很難跳槽。然而，這種心態是短視的，原因如下：

首先，真正優秀的人才無論經濟環境多麼艱難，總能找到其他工作。反倒是能力較弱的人不容易離開。因此，公司這種錯誤的態度最終只會趕走優秀的人才，留下不夠出色的員工，導致公司陷入平庸。

其次，在困難的經濟環境下，重視所有員工（尤其是那些才能過人的主管）能夠讓組織在競爭中更具優勢。一家擁有能幹且備受重視之團隊的公司，無疑會勝過將員工視為「生產工具」的公司。後者這種經營方式的長遠發展不容樂觀。

長期來看，要讓優秀人才最終離開公司，上上策便是維持糟糕的管理方式。這點聽來或許誰都能懂，但許多新上任的主管偏偏迫不及待想用自己曾遭遇的方式來對待別人。他們接受過的管理訓練可能較人性化，但最後還是回頭選擇自己熟悉的模式。他們急於「出一口氣」，想將曾經「忍受的」壓力轉嫁給他人。

然而，面對不講理的主管，我們應該吸取教訓，努力成為你希望擁有的那種上司，而不是延續那些不良的管理傳統。不要用你痛恨的管理方式去對待你的下屬，畢竟他們與你曾經遭受過的專制管理毫無關係。如果你在一位不講理的主管手下工作，請為整個職場環境這樣期許自己：「不良管理應該在我這裡畫上句號。」

了解你主管的性格類型

市面上有關如何與上司相處的書籍和文章多不勝數，而所有這些作品的核心理念其實一樣：只要了解主管的性格類型，就能根據他的需求以及偏好的工作與溝通方式有效應對，從而更順利開展工作。適應你的主管風格，問題就會減少，工作也會更加順利。

一般來說，主管的性格類型可分為四種。某些主管的性格非常鮮明，屬於單一類型；而有些則是兩種或三種類型的混合體。閱讀以下描述，試著找出你主管的性格類型。如果你能掌握他的性格特徵，與他合作將會更加順利。

專斷型主管：這類主管喜歡掌控一切，做決策迅速且堅定，非常有條理，並以結果導向。他們是典型「照我的方式做，否則走人」的類型。讓他們來帶領射擊訓練的話，口號會是「準備，開火，瞄準」，而不是常聽到的「準備，瞄準，開火」。如果你的上司是控制型主管，確保你和他溝通時表達得清晰直接，準備好所有的事實數據，並按指示行事。有時候，控制型主管可能表現出包容和願意授權的形象，似乎樂於將團隊所有成員的意見納入決策。對於那些表面上看起來傾聽員工意見、採取參與式管理風格的主管，你要更關注最終結果，而不是他們做決策過程中的表現。因為一旦深入了解，你可能發現他們其實還是堅持自己的主導權，本質上仍然是標準「說一不二」型的主管。

- **條理型主管**：這類主管偏好分析，喜歡在做決策前花時間收集訊息和數據。他們做事非常穩健且可預測，極度關注精不精確。讓他們來帶領射擊訓練的話，口號會是「瞄準，瞄準，瞄準」。他們不喜歡做決定，總是設法找出不同或更多的訊息。如果你的上司是謹慎型主管，請保持耐心吧！他們只是希望根據一切數據做出最佳決策。你提出意見或建議，一定要先經過仔細分析，並且能清楚解釋你的邏輯和理由。
- **激勵型主管**：這類主管與人相處愉快，充滿魅力，似乎和公司內的每個人關係都很好。他們精力充沛、富創造力，且競爭心強。不過，他們常常說話多過實際行動，喜歡推動新的計畫，至於能否完成則是另一回事。讓他們來帶領射擊訓練，口號會是「聊吧，聊吧，再聊吧」。他們熱衷於談話和享樂，有時會將工作擱在次要位置。與激勵型主管溝通時，別忘了多聊些輕鬆話題。問問他們週末有何打算、小孩又是如何等。他們要先社交一下才能進入工作狀態。
- **關懷型主管**：如果你的上司是關懷型主管，工作環境可能非常輕鬆自在。這類主管具備很強的奉獻精神，對團隊忠誠、有耐心又善解人意，講求和諧且值得你信賴。然而，他們的弱點是害怕衝突，也不喜歡改變，更傾向於維持現狀。他們也可能更關心團隊成員的感受，而不是工作是否完成。讓他們來帶領射擊訓練的話，口號會是「準備，準備，再準備」。他們隨時為你伸出援手，並將他人的需求置於自己之上。和關懷型主管合作時，要多用心體會並且注重團隊合作，這有必要！

圖表7-1概述了上文提到的四類主管的個性風格。

請特別注意每個類別最後一項建議，它能幫助你了解如何應對不同風格的主管。

圖表7-1　主管的風格	
專斷型	**條理型**
• 喜歡掌控全局 • 表達直接 • 決策迅速 • 有條不紊 • 要你備好所有事實資料	• 偏好分析 • 喜歡大量資訊 • 講求精準 • 決策緩慢 • 要你備好充分論據支持自己觀點
激勵型	**關懷型**
• 有趣並且擅長社交 • 精力充沛 • 富有魅力 • 熱衷創新但可能缺乏執行力 • 要你和他輕鬆閒聊	• 忠誠、值得信賴 • 耐心並且體諒他人 • 避免衝突 • 不喜改變 • 要你表現團隊精神

了解主管偏好

留意主管工作上的偏好，合作起來會輕鬆愉快得多。例如，如果主管重視大局而對細節興致缺缺，執意討論細節只會讓你和對方都感到無聊。反之，如果主管十分注重細節，就要在工作中準備好完整的細節資料。否則，對方可能要求你補充更多資訊，甚至認為你準備得不夠充分。

關於主管偏好，以下是你需要特別注意到的四個重要面向：

1. 主管如何處理資訊。
2. 主管偏好何種程度的細節。
3. 主管的急迫度，意即他是否希望立即得到所有最新的資訊，還是更希望你仔細研究過資訊後再呈報給他。
4. 主管感興趣的和不感興趣的主題。

圖表7-2將幫助你了解這一過程。

首先，請根據你對主管的了解來參考這些圖表，甚至可以和主管討論這些內容。這會

圖表7-2　主管的偏好	
主管偏好如何處理資訊	**主管偏好何種程度的細節**
• 口頭交流 • 書面交流 • 視覺圖形展示 • 以結合文字、圖像和圖表的簡報傳達資訊	• 鉅細靡遺 • 綜觀摘要 • 關鍵概念
主管的急迫度	**主管是否感興趣的主題**
• 一收到新資訊就想知道 • 希望你先思考並整理資訊後再分享 • 偏好在每天或每星期的固定時間獲取資訊	• 什麼會吸引他 • 什麼讓他不感興趣 • 什麼會讓他失去注意力

向主管傳達你重視並願意配合他的辦事風格，以便提高互動效率。

考慮到主管的偏好後，在與他互動時，牢記這些細節對你會更有幫助。

不要僅僅了解你直屬主管的偏好。組織中可能還有其他需要合作的人，同樣可以思考這些問題並根據對方的偏好調整方法。這樣，別人會認為你是一個回應迅速、高效、擅長達標的人。

第八章

確立個人管理風格

回顧管理風格的歷史，你會發現占主導地位的風格有兩種。主管不是專制型，就是圓融型。然而，現在最優秀的主管都知道，管理風格不僅局限於這兩種，他們能在多種風格中游刃有餘。在討論主管必須具備一種「自覺的」管理風格之前，先讓我們來看看專制型和圓融型的管理風格。

專制型與圓融型的主管

很難相信現今仍存在傳統的專制型主管。我們不禁想知道為什麼。部分原因在於許多主管未接受訓練，只能自我摸索，按一己的想法做事，認為自己應該扮演「老闆」的角色。專制型主管也認為，如果採取較為溫和的方式，下屬可能會因此來占便宜。

另一個可能的原因是，身為圓融型的主管需要花費更多時間。他們會向下屬解釋該做什麼，並告訴他們為什麼要這麼做。專制型的主管就不一樣，他們不想被人打擾，所抱持的心態是「因為我說了算」。而圓融型的主管則明白，員工了解「做什麼」和「為什麼做」之後，能夠表現得更好。

專制型主管希望掌控所有決策，並將員工視為聽命行事的機器人。這類主管像按鈕似的下達命令，員工立即執行，事情就這樣完成了。而圓融型主管則明白，事先花時間讓每一個人參與其中，最終帶來的回報將很豐厚。

專制型管理者以威嚇為管理手段，而圓融型管理者則建立尊重，甚至多少帶有關愛。面對專制型主管，員工可能會在心裡嘀咕：「改天我一定會報復這傢伙。」圓融型管理者則讓員工心悅誠服說出：「他尊重我們，關心我們，只要他開口，我願意赴湯蹈火。」

在專制型主管眼裡，圓融型主管是軟弱的；而圓融型主管認為專制型主管是霸道的。關鍵差異在於，專制型主管一再倚仗權威，而圓融型主管則審慎運用權威。為專制型主管工作的人覺得自己在為主管賣命，而為圓融型主管做事的人則認為自己是和主管合作。

有意識選擇合適的管理風格

身為新任主管，應有意識地選擇適合的管理風格。成功管理的關鍵在於，意識到每位員工的需求，並提供恰如其分的控制與鼓勵。

「控制」包括：告訴員工該做什麼，示範如何去做，確保任務完成。

「鼓勵」包括：激勵屬下，傾聽意見，排除障礙，讓員工能順利完成任務。

有些下屬需要高強度的控制與鼓勵，有些需求較少，另一些則介於兩者之間。因此，在有意識選擇合適的管理風格時，你必須判斷每位下屬對控制和鼓勵的期待，進而調整你的管理手腕，以滿足其需求。

每位下屬需要的控制或鼓勵程度，取決於工作內容或部門狀況。比方，如果某位員工必須學會新設備的操作，就需要較多控制；如果公司內部正流傳裁員或縮減編制的消息，則需要更多的鼓勵與支持。

以下圖表和描述將幫助你了解員工的需求與你所提供的控制或鼓勵之間的關係，換句話說，你是否能夠意識到他們的需求？

• **A類型員工**：這類員工一心一意想要表現出色，但是缺乏必要技能或知識來成功完成任務。主管要給他們以控制為主的支持。

- **B類型員工：**這類員工具備完成工作所需要的技能，只是已經喪失動力。主管要盡量鼓勵他們，以助其重新投入工作。
- **C類型員工：**這類員工表現出色並且動力充足。主管只需拿出少量的控制和鼓勵即可。
- **D類型員工：**這類員工既缺乏能力也缺乏完成工作的意願。主管要給予大量的控制和鼓勵來幫助他們改進。
- **E類型員工：**這類員工在技能和動力上皆屬於中等水準。主管需要提供適量的控制與鼓勵來引導他們。

評估你的團隊

為了將這些概念應用於你的團隊，首先要根據兩個標準來評估員工：他們的動力水準，以及與職務相關的技能和知識水準。評估後，將他們定位於圖表上：動力越高的員工越靠近圖表頂端，具備越多工作相關技能與知識的員工越靠近圖表右側。

你的應對方式

檢視圖8-1並確認員工的定位後，你就可以清楚知道該如何應對。員工越靠近圖表左側，表示要對他們施加更多控制；越靠近圖表底部，則表示要給予更多鼓勵。

我們試舉一個職場情境，看看你能有多敏銳。假設你正在一家電信公司主持一個大型的獨立專案。被指派到你專案的一位員工安迪平常習慣獨立完成任務。他喜歡自己決定一切，並且非常享受工作，成果也一向出色，組織內部的服務對象對他的表現也非常滿意。然而，在這個專案中，你注意到安迪很難

圖 8-1：員工類型定位圖

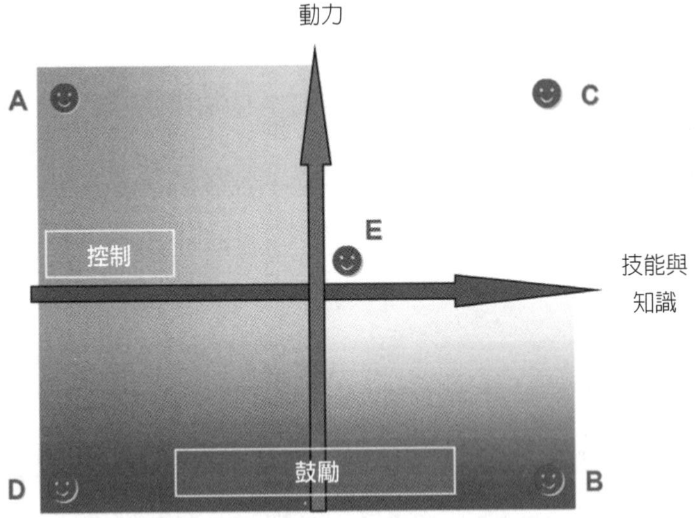

與其他團隊成員一起規劃、溝通以及做出共同決策。此外，安迪貶低團隊合作的概念，甚至認為這是浪費時間。他已經表達了對這一新專案的不滿。身為一位有覺察力的主管，你為把安迪定為A至E類型中的哪一種？還有，他需要什麼樣的支持？答案如下：雖然安迪在平時的工作中是經驗豐富的員工，但在你的專案中並非如此。他需要你來控制與鼓勵，也需要你指導他學習如何在與團隊其他成員合作，並在他面臨這種艱難的轉變時獲得支持。即便安迪在自己平常的任務中可能屬於C型，但就這你的專案來看，則應歸於D型。

這裡有個能讓你管理工作更加輕鬆的建議：不妨每隔幾天就在通勤路上想一下你直接管理的下屬，回顧他們在不同任務和專案中的類型。保留一份心思，思考他們需要什麼。如果你已滿足他們的需求，那麼你的管理技巧是理想的；如果還沒有，則決定自己必須做出哪些改變。落實這個方法，你會發現它對你的管理工作大有幫助。試試看吧！

管理要看情境

沒有一種管理風格適用於所有情境。有時，你可能要採用與平常不同的管理方式。例如，當你面臨必須在短時間內完成且不允許出任何差錯的緊急任務時，你可能要拿出比以往強勢的態度指揮。而在需要所有團隊成員共同商定工作方法的大型專案中，相較於平時，你可能要稍微放手，讓共識自然浮現。隨著時間推移，你會逐漸形成自己的管理風格基調，但在某些情境下，仍需根據具體挑戰的性質，調整管理技巧。

第二部

承擔新的責任

身為主管，你必須擅長發掘人才、培養人才。就好比擔任一支運動隊的教練，你能否成功就取決於能否招募最優秀的選手，並且幫助他們精進。

第九章

建立團隊動力

近年來，許多組織已經普遍採用團隊模式來完成工作，這是有原因的。其一是協同效應。研究顯示，在工作場所中，團體通常能比單打獨鬥的人做出更理想的決策。其次，隨著通訊技術和無限的訊息來源，主管不再能夠知道所有員工掌握的事實。主管不再是專家。在許多領域和職業中，下屬擁有的專業知識常超出主管。在這種情況下，主管無法指示員工該做什麼，而是需要支持和引導他們，讓他們自己提出與工作相關的解決方案。

如果你真的希望團隊取得成功並且拿出最佳績效，你需要建立一股團隊動力。團隊動力指的是團隊成員在互相依賴的情況下協同工作，以達成目標的能力和意願。要塑造這樣的團隊動力，以下六個因素至關重要。

1. 開放溝通。
2. 賦予權力。
3. 確定角色以及責任。
4. 目標清晰。
5. 有效領導。
6. 個人和整體團隊的獎勵以及問責機制。

開放溝通

一位年輕的準主管陪他的導師（一位經驗豐富的主管）去拜訪一家製造公司績效很好的團隊，觀摩如何運作。他剛走進房間，就對導師說：「天哪，這個團隊應該功能失調了吧！看看他們爭論不休的樣子。」導師回答：「你要知道，這其實是個很棒的團隊。」

這位準主管花了幾分鐘才明白前輩的意思。團隊成員雖然陷入衝突，對於改進產品最佳方式的意見很分歧，但事實上，這種摩擦通常是好兆頭。一個熱衷於其任務的團隊，其表現是非常積極的。它能進行開放、誠實的溝通，這就是團隊活力！

賦予決策權力

如果你能就團隊成員正在從事的工作賦予決策權，就可創造強大的團隊活力。當然，你會先設定時間、金額、選擇等方面的界線。一旦賦予團隊最終決策權，你就會發現團隊中湧現自信、友誼和實力有用武之處的感受。不過小心，不要將這種權力授予尚未做好準備的團隊，否則後果可能不堪設想。許多新手主管都會犯下這個嚴重錯誤。他們可能是想贏得團隊的好感。確保授權的時機已經成熟，否則你和組織將承受其錯誤決策的後果。

確定角色以及責任

你有沒有辦法走到團隊任何一位成員面前，然後請他清楚界定自己在團隊中的角色和責任？你有沒有辦法走到團隊任何一位成員面前，然後請他清楚界定團隊中其他成員（包括你這位主管）的角色和責任？如果團隊成員能夠做到這一點時，就表示他們知道上級對他們以及對其他團隊成員的期待是什麼，同時也知道自己在工作上可以尋求誰的幫助。所有這些都會帶來有效的團隊活力。

目標清晰

你手下的每個人是否都知道所屬的團隊和整個組織的目標？確保他們都很清楚。避免複雜，最好只用一句話。你對團隊目標的陳述可以是這樣的：「我們的目標在於以最低的成本為內部客戶提供準確、及時且有價值的市場數據。」這樣就很完美，因為它將一切都涵蓋進去。與團隊一起擬定簡單的目標陳述後，還請確定每個人都知道且牢記。你可能希望將其公布在顯眼的位置，永遠優先排入會議議程，或放在內部電子郵件簽名處的下方。

我曾根據本書要旨去新加坡訓練一些新主管，當時我見識到一個組織目標清晰的絕佳例子。市中心一家大型飯店的員工入口處有一份目標宣言，大概適用於在那裡工作的每個人。每個一呎大、有光照亮的字母拼出了幾個字，明確界定每個人的職責：「創造難忘的飯店體驗。」我為這樣一個簡單而難忘的精采目標喝彩，因為它適用於團隊的每個成員。經營該飯店的公司，其網站將這幾個字定位為適用於其遍布三大洲之三十家飯店的企業願景。難怪我路過的這家飯店，它在網路上的評分高得驚人。

為什麼這很重要？清晰的組織目標能讓每個員工都朝同一方向前進，並為他們提供做出決策與擬定行動方案的標準。衡量標準極其簡單：他們正在考慮的決定或成效究竟是符合還是背離目標。如果它符合目標，則繼續，如果不利於目標，就停止。

目標清晰有助於獲得許多有價值的成果：

- 下屬能自行做出更多決定。
- 需要回報給你的待解決問題更少。
- 有助更快做出決定。
- 組織將更迅捷，能夠更快速地適應變化。
- 組織將會更有效率。

你的團隊成員在面對某些特殊情況時，可能無法明確判斷是否有利於目標達成。這類情況需要提報給你處理。然而，在日常工作中，他們通常可以把宗旨聲明當作指引，不受牽制地推進工作。

等到你在新環境中安頓好了，熟悉團隊及其角色之後，請與成員共同制定一個簡單明確的宗旨聲明，這將賦予團隊更多權力，並且使其更有活力。

有效領導

請看看如下清單，勾選你目前已執行的項目，並為那些未勾選的項目制定行動計畫。如果你能完成所有項目，便能有效培養團隊活力。

身為主管，你應該做到以下幾點：

- 為每位團隊成員及整個團隊設定清晰的目標。
- 為需要引導的人指出明確方向。
- 與團隊分享你個人成功與失誤的經驗和案例，拉近彼此間的距離。
- 與團隊談話時，多強調正面的內容，盡量少講負面的東西。
- 不斷為團隊及其成員提供建議，但這種回饋必須是正面、具建設性的。

- 善用小小成就來凝聚團隊的向心力。
- 言行一致，身體力行。
- 提供適當的獎勵，以表達你及組織對團隊的謝意。
- 建立合作關係，與團隊一起為相同的目標努力。
- 促生創造力和革新，支持積極改變。
- 鼓勵獨立自主以及專業成長。
- 鼓勵成員藉由爭論表達觀點，並與他們分享你的看法。
- 幫助團隊了解其與上層組織、客戶及社區的連結。

獎勵以及問責機制

這是促進強大團隊動力的最後一個要素，也是組織與主管共同的責任。許多組織都在提倡團隊合作。你在公司裡逛一圈，可能會看到一些海報，上面有團隊一起快樂工作或遊玩的畫面。你翻開公司的使命宣言，裡面強調要塑造最棒的團隊。員工被分配到各種團隊中，但真正的團隊合作卻很缺乏。為什麼會這樣？原因在於組織和主管並未要求員工為團隊合作負責，也沒有因此給予獎勵。

如果我們真的希望員工為組織共同利益而彼此合作，就不能只根據個人表現來評估、給分或進行績效考核。我們也必須評估他們對團隊的貢獻。如果團隊成員明白，自己的考核包含是否夠資格被歸為優秀的團隊成員，他們很快就會意識到團隊合作的重要，這比那些海報宣傳更加有效！同樣，獎勵機制也需做出調整。也就是說，獎勵員工個人的貢獻以及他對團隊的貢獻。

有些主管認為，獎勵團隊成員不應厚此薄彼，因為這樣可能無法打造高績效的團隊。這些主管應該看看最成功的職業運動團隊，其團隊成員依照角色或功勞的不同，收入會有落差，這種做法收效甚佳，並能促進強大的團隊動力。同樣，在許多成功的工作團隊中，我們也能發現，部分成員因為個人貢獻較多而獲得更高的薪資或特殊的獎勵。在這些情況下，此一辦法是行得通的，而且團隊的動力也很強。

第十章
管理與領導的區別

我們常看到「管理」與「領導」這兩個詞互換使用。這種用法雖可理解，但也因此模糊兩者的重要區別。身為主管，你要既能管理，也會領導，但理解兩者的不同至關重要。

簡單來說，管理是控制，而領導是啟發。圖10-1進一步說明了兩者的差異。

隨著你在管理工作中的成長，你將更常採用領導模式，這點應該成為你的目標之一。

由於勞動力的教育水準提高、資訊取得更加容易且流動性增強，無法掌握激勵性及啟發性管理方法的主管將處於不利地位。

圖10-1　管理與領導的區別	
管理	領導
• 比較傾向自上而下的指導	• 比較傾向自下而上的參與
• 結構組織較強	• 結構組織較弱
• 專注方法	• 專注例外
• 偏重指令	• 偏重教練式的互動
• 比較注重錯誤糾正	• 比較注重肯定
• 決定具體方法	• 設定目標，然後讓團隊成員自行決定方法

第十一章

管理問題員工

不是你管理的每位下屬都能成功完成工作。表現不佳的員工可能需要額外訓練、調至更能發揮其才能的職位，或最終直接解僱。在大公司裡，主管常會將問題員工調去其他部門，但除非你真的相信該員工的技能與新部門更加匹配，因此會表現得更好，否則此舉對其他主管並不公平。在一些公司裡，我甚至見過主管為了擺脫表現不佳的員工，乾脆將他們升職。當其他部門的主管來打聽該人選在目前職位上的表現時，這些主管的回答往往不完全誠實。我認為在這種情況下唯一正確的策略就是開誠布公。總有一天你可能需要從其他部門挑選人員，讓他們晉升至你的部門，而要避免接手別人「甩鍋」的爛攤子，最好的辦法就是自己不要當始作俑者。

你可能會對以下某一位新手主管所經歷的故事心有戚戚焉：他的部門需要一名下屬，

於是打算從其他部門內比目標職缺低一級的員工中調用，並且審閱他們的績效評估，從中挑出了三位候選人。按照慣例，他聯繫了這些候選人的主管，其中一人得到的評價特別好。最後他將這名候選人提拔至自己部門，結果卻是大大失策。由於表現不佳，他不得不在短時間內解僱該員工。這位新手主管隨後找上員工原來的主管，要求對方解釋，而他作夢都沒想到自己竟被騙了。對方回答他，那名員工的表現一直不理想，自己已經厭倦與其共事。因為那位主管沒能坦誠相待，使新手主管被迫幫他「收拾爛攤子」。

當然，當事人可能巴不得以牙還牙對待對方，但上上策還是確保自己不會吃到這種暗虧。組織內部的報復行為百害而無一利，而且如果你一意孤行，最終可能會損及自己。

重新調適

然而，如果在大家充分知情的情況下，設法幫助表現不佳的員工重新找到合適的職位，其實並不是壞事。例如在前述情況中，若原單位主管能坦誠與新手主管討論一下，說明該員工表現欠佳，但有充足理由希望給他一次機會，這樣後者說不定便願意接手。在類似案例中，也的確有過成功的例子。問題通常不在員工能力不足，而是才能與現職無法匹配。將員工調到更適合他發揮的職位，往往讓原本表現欠佳的人變成生產力強的員工。

整體來看，身為主管，如果你能在自己的部門內解決問題，而不是把難題推給其他部門，你的管理會更有效率。許多公司會採用各種測試辦法，將員工安排到最適合其天賦和技能的職位。這類測試可能相當簡單，花上五分鐘就夠了，但也可能十分複雜，需要三小時做心理評估。無論是哪一種，都是值得一試的辦法。

最後再強調，將員工安排到能讓他們發揮所長的職位至關重要。與其讓他們待在不適合的職位上，然後再設法「教育」他們，還不如一開始就安排在適合的職位，因為後者往往事半功倍，而前者則很少奏效。

你是主管沒錯，但這不代表你有能力解決所有問題。許多有遠見的公司認識到這一點，因此推出了「員工援助方案」（employee assistance programs，簡稱ＥＡＰ）。除非公司規模夠大，能在內部設置服務，否則需由社區提供資源。ＥＡＰ提供專業資源，能協助聯繫戒毒或戒酒機構，同時也了解社區內的服務項目。

如果你認為自己身為主管一定能解決所有問題，那就大錯特錯。假設你經手的事超出自己的專業範圍，可能弄巧成拙。你的職責只是確保在合理的管理原則下完成工作，而員工的個人問題可能會妨礙目標實現。雖然幫助他人天經地義，但如果要以精湛的手法成功達成這一目標，通常會超出你的專業素養。

此外，根據美國多數州的法律，一般認定主管沒有資格提供個人建議。以下是幾年前發生的一個案例：在鹽湖城的一家電腦製造公司裡，有一位流水線的員工經常遲到（大約每兩天會有一天），有時甚至遲到四十到五十分鐘。此外，她的工作表現也明顯每況愈下。幾週後，主管找她談話。員工道歉並解釋，兒子上的托兒所開門時間常常延後，她總不能將孩子留在門口就逕自去上班。她還說，由於不確定托兒所是否可靠，她一整天都在擔心兒子的安全，這就是影響她工作表現的原因。

主管回答：「把你家孩子送到我家孩子去的托兒所吧。那裡提早一小時開門。如果聽我的話（很建議你這樣），你就不會再遲到，也不需要擔心孩子安全的問題了。」員工接受了主管的建議。然而，去到新的托兒所後，她的兒子卻因意外受傷。後來，她在律師協助下，對公司提起訴訟並打贏了官司。

法院裁定，主管沒有資格提供個人建議。主管應該將員工轉介給人力資源部門，或像EAP這類專業服務。該不該換托兒所？這應該由員工自行決定。當然，你必須傾聽員工的心聲，並對他們的處境表示支持。同時也請記住，你手下每位團隊成員在職場以外的生活都會面臨挑戰，而他們為了能來上班也都做出了調整。

對於有問題的員工，你可能需要與他們進行坦率的討論，但首先需要確立你的大目標，亦即解決工作問題。你必須要求身陷困境的員工自行解決問題，同時可以引導他們利用各種資源。你有必要直白表示，如果對方不解決問題，可能會面臨遭解僱的後果。表達這一點時，須注意措辭，避免顯得冷酷無情，但你的立場要堅定，避免產生誤解。

你這主管應該樂意傾聽，但不能讓有問題的員工占用過多時間。他們應該工作，而不是花兩個小時坐在你的辦公室裡喝咖啡兼吐苦水。

在主管職涯中，你遲早會聽到各種可能的問題（有些甚至不可思議）。人是完整個體，其生活的問題可能涉及配偶、伴侶、子女、父母、戀人、同事、自身、宗教、飲食、自我價值觀等方面。

處理這類的人性弱點時，有一項重要原則能幫助你避免無盡的困擾：**不要妄下評斷**。解決工作上的問題，並指引員工找到能幫助其解決私人問題的資源。如果私人問題對工作表現造成負面影響，你可能必須要求員工自行解決。

如何處理難對付的行為類型

身為新手主管，你很可能遇到各式各樣讓你頭疼的員工。面對挑戰，你必須對他們的行為採取恰當的應對措施。如果放任這些行為不管，就等於默許他們我行我素。此外，其他員工可能也會對你失去信任及信心，覺得你沒本事對付棘手員工或對此漠不關心。

處理這些出格行為的最佳方式就是明確告訴對方需要改變哪些做法，還有為何需要改變。接下來，傾聽他們的想法，畢竟可能有合理原因導致他們脫序。然後，讓他們同意進行改變，並討論你將如何監控對方的行為。一旦他們表現出改善的跡象，一定要給予正面回饋。當然，你要在與對方約談前先準備好具體的例子，讓他們清楚你指的是什麼，以免他們質疑你的說法或無法理解你的意思。保持積極且正面的態度，明確表達你希望他們順利達標的意圖，並且解釋，改變一些出格行為將如何能幫助他們成功。如果對方願意改變，你也會輕鬆得多。進入紀律處分程序可能對每個人都是噩夢一場。雖然有時無法避免，但這始終應是最後不得已的選擇。我們將在第十四章深入探討紀律處分的問題。

以下是幾種新手主管最常遇到的、教人頭疼的員工類型，但當然還有其他一些這裡無法一一臚列的類型。務必保持警惕，並利用這裡討論的方法來應付那些難以容忍的行為：

✍ **攻擊型**：這類人總是反對你或其他團隊成員的觀點。他們處心積慮破壞你的權威，並且阻礙團隊或部門實現目標。

✍ **搞笑型**：這種員工認為自己的主要任務是娛樂他人。雖然工作中有笑聲是好事，但過度搞笑會分散注意力，影響工作進度。

✍ **逃避型**：這種員工身心靈都脫離團隊。他們不再貢獻，甚至不再履行自己的工作職責。

✍ **鋒頭型**：這類員工喜歡將他人的工作成果占為己有，並到處吹噓自己多麼重要，宣稱自己才是組織成功的關鍵。

✍ **兼差型**：這種員工將自己的正職視為次要，反將精力放在其他興趣上。例如，在一家擁有約三千五百名員工的公司裡，有位名叫嬌伊的員工從八月到次年一月都非常忙碌，不是在打電話、用電腦就是在開會，但二月到七月間幾乎無所事事。你猜猜看嬌伊在忙什麼？她把公司裡預測足球比賽結果的遊戲搞得熱火朝天，還當成了全職工作呢！

✍ **局外型**：這類員工只做職責範圍內的事。如果你請他們在去吃午餐的路上幫忙把東西帶到人力資源部，他們會拒絕你，因為他們認為聘僱契約中並未載明這項任務。

✍ **受害型**：這些員工覺得自己為公司付出了一切，結果落得一無所獲，並且希望普天下都知道他的委屈。他們通常生活單調，或者工作之餘未能享受愉快生活。

✍**牢騷型**：這類員工無事不可抱怨：工作負擔、同事、老闆、客戶、上下班的路程、今天是星期幾、天氣等。抱怨型的人很危險，因為他們的負能量很容易傳染給別人！

顯然，難搞的員工可不止上述幾類。身為主管，你要預期會遭逢各種類型的脫序員工，並儘早有效地對治他們令人頭痛的行為。

第十二章

招聘與面試

身為主管，沒有比做好招聘更重要的事。絕對沒有。在招聘決策上，你不能走捷徑。錯誤的招聘決定，可能讓你多花幾百小時的時間來處理由此衍生的問題。

如果你對某位應徵者感到不自在或心存疑慮，相信你的直覺。無論如何，務必採取一切必要措施，進一步確認某位應徵者是否符合條件，如果不符合，就判定他不合適。一旦發出聘用通知，選擇餘地就會大大減少。在這之前，你必須有十足把握，自己選了正確的人。這種信心應建立在可靠事實、調查、背景審核、測試及其他所有可用辦法的基礎上。這不是可以單憑直覺行事的環節。身為主管，招聘決策是你所能做出的決策中最要緊的。

招聘方式五花八門，幾乎每家公司都有不同方法，全面介紹是不可能的。因此，這裡先做幾個簡單假設：假設人力資源部門負責初步篩選，但最終的決策權握在你手上，由你決定誰能進入你的部門工作。

使用測試方法

由於聯邦、州，甚至有時市級政府對招聘程序的介入，你的公司可能不會對應徵者做太多測試。在做測試時，需要遵守許多法律規定。然而，測試仍是判斷應徵者是否真正具備自己所宣稱之技能的一種最佳方式。有些公司因為需要將應徵者留在現場一整天以接受測試，甚至會支付他們費用，以彌補對方耗費的時間。

這些可能成為員工的人，素質差異可能非常大。失業率高的時候，可供你選擇的應徵者會比較多；反之，失業率較低時，人數就會減少，有時甚至出現應徵者寥寥無幾的情況，以至於只要有求職者上門應徵，你可能都會考慮錄用。這些外部因素通常超出你的掌控範圍。不過，我們現在的重點是那些可以掌控的部分。

關鍵要素缺失

幾乎所有的主管都會說，錄用新員工最重要的條件是經驗、資格和教育背景。然而，他們往往忽略了一個關鍵要素：態度。

即使你錄用了擁有豐富經驗、完美資格和教育背景的員工，但若態度不佳，你也只是聘來了一個麻煩的員工。反之，即使某人的經驗、資格和教育背景稍遜，若態度極好，你很有可能錄取一名優秀的員工。每位有經驗的主管都會同意，員工最重要的素質是態度。

篩選過程

大多數主管在面試過程中講得太多，聽得太少。

面試過程不僅是面試官在評估求職者是否符合公司的要求，求職者同樣也在觀察公司是否是他們想要投身的職場環境。應徵者自然希望得到這份工作，因此大多數人會給出他們認為最能增加錄用機會的答案。

問的問題不要過於刁鑽，讓應徵者無法回答。以下是一些需要避免的問題，通常只有以難纏自詡的面試官才會這麼問：

- 為什麼想來這裡工作？
- 你覺得自己有什麼資格應徵這份工作？
- 你是不是只因薪水才對這份工作產生興趣？

只有糟糕透頂的面試官才問這麼愚蠢的問題。你身為面試官，應該盡力讓應徵者感到放鬆，這樣才能進行真正溝通。你的目的是更深入地了解應徵者，而不是在面試中營造對立氛圍。因此，應該用有助應徵者放鬆的說詞或問題開場，並將難度較高的問題留到面試稍後的階段，但千萬不要問上述三個問題，因為此舉毫無幫助。

關心面試者的感受

面試目標應該是了解應徵者是否符合工作的要求，並評估他們的態度是否良好。因此，面試一開始時，花時間聊一些不會給人壓力的小話題是有意義的。

大多數應徵者在面試時會緊張，因為錄取與否對他們來說意義重大。你的目標是讓對方放鬆下來，而不是一開始就直奔主題。這麼做能讓對方感受到，你感到興趣的不只他是否符合這份工作的需求，還包括他這個人。建立一種舒適關係非常重要，因為如果對方成為你的員工，這可能會是未來多年每天接觸的起點。即使最後沒能錄用對方，你和公司也會在他們心目中留下良好印象，因為你展現了對他們的真誠關心。

注意事項：公司面對多種群眾，包括：一般大眾、客戶、自身所屬的產業圈、政府機構、員工以及所有的求職者。在某個案例中，有位富有女士經常光顧一家高級百貨公司，她認為去那裡兼一份差會很有趣。但在應徵工作的過程中，卻對公司態度感到不滿，於是發誓再也不會踏進這家店。這件事單她一個人就讓百貨公司每年損失數千美元的營業額，更不用說她將不滿情緒向朋友宣洩後所造成的間接損失。

寒暄結束之後，你不妨考慮用以下方式開場：「瓦倫西亞女士，在開始具體討論你應徵職位之前，我想先簡單介紹一下我們公司。畢竟，在我們考慮你的同時，你也在評估我們。所以，我們希望先回答你可能想了解的任何問題。」

接著，告訴她一些有關公司的資訊吧。告訴她公司的使命，但不要花太多時間在統計數字上。你應該多談談公司與員工之間的關係，尤其是那些與眾不同的地方。你希望她能夠了解這家公司的氛圍以及員工。如此對話的目的在於讓她了解自己有可能加入的公司，也讓她更有機會放鬆，感到更自在。

接著，來到面試的關鍵環節。你要問一些能了解對方態度的問題。大部分以人為本的主管（大多數主管正是如此）無法忍受空泛的對話，因此，如果應徵者沒能立即回應，這類主管會傾向於插話並加以引導。這雖然出於好意，不過這種情況會干擾你獲知關鍵訊息，進而影響你做出正確的選擇。

五種面試提問

以下是一些你可以問的問題：

- 上一份工作中你最喜歡的部分是什麼？
- 上一份工作中你最不喜歡的部分是什麼？
- 請告訴我你上一位主管是怎麼樣的人？
- 上一份工作如何幫助你在專業上成長？

• 如果可以重新調整你上一份的工作，你會怎麼做？

這些問題只是範例，你可以根據情況提出更恰當的問題，萬一一時還不確定，可以先考慮這些建議。接著，讓我們來分析每個問題及其「正確」或「錯誤」的回答，幫助你了解應徵者的態度。

針對「上一份工作中你最喜歡的部分是什麼？」的問題，如果應徵者回答時提到工作內容具挑戰性、公司內有晉升機會、公司鼓勵並且支持員工接受教育，或是公司欣賞自發性的員工，這代表對方理解同時重視健康的工作環境。

然而，如果對方提到的是每隔一週的週五，公司會放假讓員工享受長週末，或者公司提供許多社交活動（如保齡球和高爾夫球隊），又或者員工第一年就有帶薪假期，這可能代表應徵者只是想找個講究社交的地方工作。這樣的人可能更像社交蝴蝶，雖然喜歡與他人交往無可厚非，但不應該是應徵這份工作的主要原因。

接下來我們來討論第二個問題，也就是「上一份工作中你最不喜歡的部分是什麼？」如果應徵者的回答是：偶爾需要加班、公司要求週六上班或者期望員工利用週六去社區大學學習工作上用得到的技能（而且公司已支付了學費），那麼都不太理想。

然而，如果應徵者提到公司沒有正式的績效評估制度、加薪與工作品質之間似乎沒有明確關聯，或表示其實並沒有什麼特別不喜歡的，只是覺得可能在其他地方會有更好的發展機會，這些則是深思熟慮且避免「自斷後路」的回答，暗示應徵者可能重視成就感並具良好的判斷力。

接著是第三個關於應徵者上一位主管的問題。這是一個較開放式的問題。如果應徵者用負面的話批評上一位主管，例如：「不提也罷，說到那個混蛋我怕沒有好話。」就是一個負面的回答。

假設應徵者與上一位主管關係非常糟糕，但她回答：「就像很多人和主管的關係那樣，我們之間也有一些分歧，但我仍然喜歡她、尊重她。」這便是得體的描述，因為即使關係並不和諧，應徵者也能保持冷靜並斟酌用詞。應徵者若批評前公司或前主管，就算這些批評不無道理，此舉往往更常反映出他們自身的問題，而非其批評的對象。這樣回答絕對無助於爭取到工作，因此聰明的應徵者會避免對過往工作上的人際關係發表負面評論。

第四個問題問到：「上一份工作如何幫助你在專業上成長？」對方提供的一些見解可以幫助你一窺他是如何看待工作。如果有人回答，自己並未尋求專業成長的機會，這代表他可能將工作視為一份「職業」而非「事業」。這倒也不是壞事，但卻是一個頗有價值的觀察。如果對方提到，缺乏專業成長的機會是一大挫折，則顯示他將工作視為事業，並渴望進步。而如果對方表示自己的成長十分顯著，便為你提供可以進一步與他探討專業目標的機會。

第五個問題是，假設可以重來，對方會如何重新調整之前的職位。這個問題可以讓你了解應徵者如何看待自己在更大組織中的定位。一個深思熟慮且具建設性的回答，應當表明他能看到自己的貢獻與團隊整體運作間的關聯。而如果回答著眼於如何讓自己的工作更輕鬆，甚至以犧牲同事的利益為代價，那就需要警惕。這可能表示對方過於自我中心，對於團隊合作缺乏關注。

應徵者提出的問題

你也可以對應徵者說：「我問了這麼多問題，你這邊有什麼想問我的嗎？」應徵者所提出的問題，同樣可以反映出他們的態度。

如果應徵者的問題類似以下的內容：

• 公司每年會放幾天假？
• 第一年有多少天的年假？
• 要在公司上班多久才能享有四週年假？
• 公司會為員工舉辦哪些社交活動？
• 員工最早幾歲可以退休？需要工作多少年？

那就表明，他的態度更傾向於如何規避工作，而不是積極投入其中。當然，這些問句不加掩飾，而且稍加誇大以便幫助說明重點。有些應徵者問的問題可能沒那麼直白，但從中還是可以看出其態度可能不是太好。

相較之下，以下問題則反映出完全不同的態度：

• 晉升是否根據工作表現決定？
• 表現傑出的人是否能夠獲得比一般員工更大的加薪幅度？
• 公司是否定期舉辦訓練計畫，幫助員工拓展技能？

或許你會想到，應徵者可能有意提出這些「討好型」問題。即便如此，這也表明他不是個「笨蛋」。能預先設想如何提問的應徵者，是否比毫無頭緒的人更適合這份工作？

面試過程中，主管可採用的一個重要策略是保持沉默。如果你沒有立即回答問題時，沉默可能會讓對方感到不自在，但如果你插嘴打斷對方，往往無法得到真實答案。

人力資源部門可能會向你說明哪些問題可以問，哪些不能問。你需要了解哪些話題是你不能碰觸的，因為那些具歧視性或不合法，也許兩者兼而有之。

比如，「你需要照顧小孩嗎？」這類問題就不能問。如果應徵者問到工作時間，也不必將其視為負面問題，因為這可能只是對方考慮到小孩照顧的問題才會這麼發問。

應徵者通常也會問到健康保險，你也不應該將其視為負面，因為詢問醫療保健相關福利的員工是有責任心的。簡言之，主管要拿出良好的判斷力來分辨哪些問題能揭露應徵者的工作態度，哪些問題則能顯示出他們的責任感。

隨著面試經驗累積，你會變得更加熟練。在大多數的求職面試中，應徵者的態度往往被忽略。通常主管手裡拿著應徵者的履歷，一面說道：「我看到你曾在〇〇公司工作過」。實際與應徵者坐下面談之前，你應該先看一遍履歷，而不是當著應徵者的面才開始讀。接著該問一些能探明對方工作態度的問題。

失業率的影響

如果你所在地區失業率較高，應徵者可能會表現得更為積極。迫切需要穩定工作的求職者不管什麼工作幾乎都會接受，並會更加巧妙地說服面試官，為什麼自己適合該份工作。

在高失業率的情況下，你也會遇到履歷太過漂亮的應徵者。你無疑能理解他們當前的困境，但你也應該明白，一旦出現其他能讓他們發揮全部才能的機會，他們便會離職。首先，如果一個人在工作中無法發揮其全部潛力，他會覺得工作沒有挑戰。然後，他們很快就會尋覓更理想的工作機會。

一些急於找工作的應徵者知道大多數主管不願意聘用太過優秀的員工，因此可能會在履歷表上隱瞞自己的資歷，不提更高的學歷或經驗。如果你決定雇用太過優秀的人，請做好心理準備：除非你能將對方提拔到與其資歷相匹配的職位，否則可能留不住他。

徵求第二方或第三方的意見

不要猶豫，請求你尊重的同事來面試你考慮聘用的應徵者。篩選出幾位合適的人選後，聽聽更多意見總是有幫助的。第二方或第三方的觀點往往能提醒你未曾注意到的細節。職位越重要，你越需要做出正確的決定。額外的意見會增加你做出正確選擇的機會。

安於現狀、不思進取的人

所謂「安於現狀、不思進取的人」（comfort-zone underachiever，簡稱CZU）指的是資歷亮眼，但不喜歡接受挑戰的人。這種人很多，但很少會承認自己是這樣的人。

CZU的一個主要策略是說服你，他們真的想要做一份看起來遠低於其能力的工作。他們經常遇到困境，因為他們想做的工作因為自身資歷過於優秀而無法爭得。他們很快發現，處理這個問題的方法是不要在求職申請中列出所有的成就。例如，註冊護士如果不想從事護理工作，可能不會列出自己在該領域中所受過的專業訓練。他可能會在履歷上避重就輕，只列出自己符合行政工作要求的部分。同樣，不喜歡在教室環境中與小孩相處的教師，可能也不會列出所有的資歷。不過，想在履歷表上隱瞞過去的經歷越來越不容易了，因為經驗豐富的面試官會注意到其中的空白。因此，如果該位教師真心只想負責學校的設備維護工作，他的履歷上可能只會交代自己是學校「設備維護小組」的成員而非教師。

由於你可能更關心應徵者的前途發展並且管理他人，所以可能難以理解這類人格的應徵者。不要低估他們。他們肯定不笨，只是他們看待工作的角度與你不同罷了。這並不是誰對誰錯的問題，當事人的態度對他來說都是合適的。

再看看下面這位四十五歲的牙醫，他也是CZU，因為他一想到餘生都要直視別人的嘴洞補牙就後悔得不得了。許多人因身處不適任的工作崗位而感懊惱，但是我們應該尊重CZU願意勇敢改變現狀的勇氣。世人通常抗拒改變，然而抗拒改變與內心明知需要改變這兩者並存的話，會導致情緒的衝突。心理學家稱這種狀態為「雙避衝突」（avoidance）：你面臨兩個都無法教你滿意的選擇，於是可能決定什麼都不做。然而，無所作為不能解決問題，反而導致內心不安以及掙扎不斷加劇，最終自我磨耗。

CZU一直思考「什麼才適合我」。他們選擇的工作可能只是暫時的，因為他們正處於重新評估人生方向的十字路口。通常，他們希望找一份不會干擾自己思考人生定位的工作，也就是盡可能不要投入專注力的工作，以便有時間整理想法。這些工作往往重複性高，且不需費太多精力就能準確完成，這樣一來，他們能把注意力放在其他事情上。你公司的某些工作，可能才幹兩小時就讓你抓狂，但是某些人卻樂在其中。這完全只是合不合適的問題。

工作以及休閒

在許多人眼裡，「工作」一詞帶有負面語意。他們認為工作是種懲罰。如果職業運動員靠打球謀生，那是工作；然而如果一個人打同樣的球只為消遣，那就是娛樂。或許其間區別只在「必須做」與「想要做」的不同。這也是為什麼許多財務自由的人仍選擇繼續工作的理由，因對他們而言，那是自己「想要做」的。

描述工作內容

描述一份工作，應該包括一些基本資訊，這樣就不勞應徵者親自詢問。例如，告訴他們工作時間、起薪、試用期長短，以及試用期圓滿結束後是否調薪。你也可以扼要說明福利條件。提前交代這些基本資訊，可以避免在開放式提問階段耗費時間，以便專注於對方態度的線索，正確判斷是否雇用。

讓我們再回來談談瓦倫西亞女士面試的例子。和她討論那份工作的過程中，描述工作內容時，請不要用專業術語，而改用她能理解的詞彙。你可能覺得行業中用術語和縮寫再平常不過了，但對於新進員工來說，這就像一門陌生的語言。同樣的情況也適用於職務描述。如果這種描述充斥專業術語，這對於應徵者來說幾乎毫無意義。

判斷力以及執行力

評估應徵者時，對方的態度與工作技能固然重要，但能夠真正定義優秀團隊成員的關鍵特質，其實是判斷力與執行力。兼具這兩項特質的員工，通常更加自律，且容易帶領。如果缺乏判斷力，他在做決定時會不斷需要你來協助；如果缺乏執行力，他會占用你大量的時間，而且因為需要密切監督，甚至可能對這種深度介入的監管心生怨懟。如果兩項特質同時都不具備，他幾乎只像一個需要你不停指揮和緊盯的木偶，這樣會很浪費你的時間。

如何在面試中評估應徵者有無判斷力？

可以向應徵者提出他們可能在工作中遭遇的實際情境，最好選擇那些最佳執行方法並不顯眼，甚至可能有多種可行方案的情境。向對方說明這些情境後，不要直接問他們該選哪個，而是問他們如何決定應該怎麼做，藉此了解他們處理資訊與做決策的方式，並觀察他們是否能意識到需要你補充哪些資訊。簡言之，你是在評估他們的判斷能力。

這部分不應該是甄選過程中可匆匆帶過的環節。由於準備和提出這些問題都可能非常耗時，因此這通常只適用於篩選到最後、最優秀的應徵者。

如何評估應徵者有無執行力？

執行力可以藉由兩種方式加以評估，其一是前任主管（如果有的話）的回饋。不要直接問前任主管這個人是否具執行力，而是問問對方：「指派任務給他是否可靠？」、「能否按時完成任務？」、「需要監督他到什麼程度？」

其二是應徵者的自述。請對方談談自己參與過但未能如願達標的任務，並讓他描述導致結果不如人意的種種因素。接著，問他如果再有一次機會，他會如何著手改善。在討論過程中，你可以逐漸了解他執行力的高低。如果歸咎於錯過了截止日期，進一步追問是哪些因素導致這一結果。如果他指出的是一些真的無法掌控的外部因素，那倒合理。如果對方說出類似「工作負荷太大」或者「忘記時程」，這可能代表其執行力有問題。討論得越深入，你就越能判斷他是否具備穩定執行工作的能力。

雖然許多特質對於高效團隊成員至關重要，但若缺乏判斷力和執行力，他們會占用你過多時間，進而分散你的精力，令你無法專心做好工作。

決定聘用

如果你正在考慮多位人選，請小心不要誤導其中任何一位。告訴他們，要等所有應徵者的面試都結束後才會做出聘用決定，對方應該會認同這樣公平的安排。並向他們保證，一旦做出決定，就會立即通知他們。務必在做出決定的當天打電話通知他們結果。

強調「工作態度」

決定聘用哪一位應徵者之後，你應該與對方來一場有關工作態度的談話。以下是工作態度談話的一個理想範例。隨著經驗累積，你會逐漸形成自己的談話風格，但是要旨應該維持不變：

「我選擇你擔任這個職位的一個原因是，你展現了我們公司所期望的態度。你的履歷資料和測驗結果都顯示你有能力勝任這份工作。應徵這個職位的許多人都同樣有資格勝任，但最重要的原因是你表現出我們所看重的態度。我們相信，普通員工和傑出員工之間的差別往往在於態度。

公司裡不見得每個人的態度都很理想。那麼，我們指的態度是什麼呢？這種態度意味你不會擔心自己是否比別人付出得多，而是能以完成高品質的工作為榮，並且在下班時感到有所成就。這是一種源自任務已出色完成的個人滿足。我們相信你具備這種態度，再結合你處理工作的能力，你有望為我們公司卓越的一員。」

什麼時候員工最能接受這種工作理念？一般來說，是到職後初期。

下屬是不是會努力工作，以符合他們認為主管對自己所期待的形象？是的。他們會努力展現出你期待的樣子。回想面試過程，應徵者可能想要表現自己認為你想看到的態度。現在他明白了，態度對於公司和你這位主管來說極為重要，因此要在工作上展現這種態度，況且這對自己和公司而言都是雙贏的局面。

為什麼要提到公司裡有些人態度不佳？如果你絕口不提那些態度不佳的員工，那麼當新員工遇到這樣的人時，你的談話就會顯得空洞無力。但是如果你預先提到這點，當對方看到態度不佳的同事時，你的話就不是無的放矢了。對方可能會想：「主管告訴我有人態度確實不佳，而我來這裡正是為了改變這種情況。」這進一步鞏固了你的可信度。

選擇與新員工進行工作態度談話的時機，取決於個人習慣。在通知錄取後，將對方召來辦公室時，是祝賀他並進行態度談話的良機。同時應在新員工第一天上班時含蓄地再次提醒，務必低調一些，因為當天新員工有太多要關注的事。他會感到緊張，擔心自己是否喜歡新同事，或者同事是否喜歡他。不過正是這第一天，新員工最能接受主管在這方面的指導。

第十三章
訓練團隊成員

許多新任主管認定，自己必須知道如何執行所負責領域裡的每一項工作。他們彷彿覺得，如果某位關鍵員工離職，他們可能要親自上場，接續完成那些任務。如果你服膺這一理念，並將其推到極端，那麼企業執行長不就應該能勝任組織裡的每一種職務？這顯然不可能。同樣荒謬的是，認為美國總統應該能勝任聯邦政府裡的每一項工作。事實上，總統甚至不需要能勝任白宮裡的每一項工作，因為殺雞焉用牛刀。

訓練責任

你只需知道工作應該完成什麼，而不是該如何操作每個細節。這取決於你的管理層級。如果你的職責包括親自完成某些工作並帶領其他人執行相同任務，自然知道如何操作。

然而，如果你負責領導三十五個人去執行各種不同的任務，就不需要了解每項任務的細節，只要團隊中有人對於這些工作瞭如指掌即可。就好比大型醫院的主管，他們不須懂得開刀，但清楚如何確保院方能聘來並留住技術精湛的外科醫生。

許多新手主管對自己不會做的事惴惴不安。大可不必這樣反應。你只需要為預計達成的目標負責，而不是親手完成每一項任務。

雖然這個觀念一開始可能會讓你感到彆扭，但是你會逐漸適應，甚至懷疑自己以前怎麼會有不同想法。你初步的反應可能是：「我必須全部都懂。」但如果你的業務範圍大且多樣化，你不可能知道一切。別再為此煩惱。

訓練新進員工

有些工作需要深入的訓練，但即便是經驗豐富的工作者，加入新環境時也需要一些基本指導。新員工要儘快接受訓練，了解公司內部的工作流程，並弄清楚自己在整體組織中的定位。

在某些方面，第一天就對新員工加以指導往往效果不彰。第一天的重點應該是讓新員工熟悉將與之共事的同事和工作環境。你可以讓他們第一天先自行觀察，然後隔天再開始施以正式的訓練。許多新員工在第一天回家時不是頭痛就是腰酸，這無疑是緊張情緒所導致的。

有關如何訓練新進員工，辦法各有不同。其中最普遍的就是讓即將離職的員工負責訓練新人。然而盲目採用這種辦法可能出錯，一切端視離職員工離開的原因以及他們的態度。

訓練方式：一個錯誤例子

以下是一個訓練新員工的錯誤例子，反映出極差的判斷力：某辦公室的主管帶領幾名行銷和一名行政人員。由於該名行政人員效率低下，主管決定解僱，並且提前兩週通知，但要求對方在這段期間繼續工作。前者同時聘來了新的行政人員，並要求舊的行政人員負責訓練。結果對所有人來說都是噩夢一場。

不足為奇。如果將離職的員工能力不足，千萬別讓他負責訓練新員工。為何要讓因不勝任而被解僱的人來訓練接手的人呢？他很可能根本不會投入精力負責訓練，即使有心去教，恐怕也會把壞習慣傳給新人。即便是主動離職的員工，通常也不是最佳的訓練人選。大多數已提出辭呈的人，心思早已放在下個工作上了，他們做的訓練可能流於表面而且不夠完整。另一方面，如果某一職位是因為現任員工升遷而空出，那麼該員名工通常是最佳的訓練人選。

上述主管要求那名被解僱的員工去訓練接任者，這反映出他對該行政工作的內容缺乏了解。主管本人如果親自出馬指導新進員工，就會暴露他對該工作的內容所知有限，於是選擇讓即將離職的員工負責，而這是掩飾問題的一種極端做法，是嚴重的管理失誤。

倒不是說主管必須親自掌握組織中每項任務的細節。在上述例子中，因為只有一個行政職位，沒有其他人可負責訓練。主管選擇最省事的辦法，讓即將離職的行政員工訓練新進員工。即使主管無法詳細講解該工作的具體步驟，至少應該清楚說明他對該職位的期待以及要求。

訓練者的角色

在安排新員工接受訓練之前，務必先和預定負責訓練的人進行溝通，千萬不要臨時通知或讓對方措手不及。提前與訓練者會面，討論你希望達成的訓練效果。有時你可能希望新員工比前任員工更有效率地完成工作，所以這是推動改變的好時機。新員工剛入職的時候，是落實改變的最理想時機。就算你沒有具體的改善計畫，先和訓練者在期待的成果上達成共識仍然非常重要。一旦確定新員工的入職日期，應該立即通知你選定的訓練人員。後者可能需要調整自己的工作時間表，以便配合完成這項任務。

挑一位擅長清楚講解工作內容的人來負責訓練：這個人必須能把工作分解成不同步驟，而且不能用新員工一開始難以理解的專業術語來說明。這些專業術語新員工日後自然學得會，但在訓練初期，不應該用這種「外語」讓他們感到不知所措。你必須向負責訓練的人說明你的期望。例如，如果你希望第一天的氛圍輕鬆愉快，那麼對方就需明白這一點。

第一天進行到後半時，你應該抽空去了解訓練人員和新員工的情況。你說什麼並不那麼重要，重要的是表現出你對新員工的關心。第一週結束時，找新員工到辦公室聊聊。這次談話的重點也不是內容，而是讓新員工感受到你關心他順不順利。可以問幾個問題，了解訓練員的指導是否清楚，新員工是否已開始掌握工作內容。

播下改進種子

這時也是「播下改進種子」的好時機。你不妨對新員工這樣說：「身為新進員工，你對這個職位應有一些我們其他人沒想到的新見解。我鼓勵你提問，以進一步了解我們工作的方式及理由。完成訓練後，我們也希望你提出任何自己認為有利於改進的建議。在你看來可能再明顯不過的事，對我們來說不一定是。」這段話傳達了你對持續改進的重視，並且鼓勵新員工提供意見。

但強調「完成訓練後」是為了避免新員工在還沒完全了解工作內容時提出建議。隨著他對工作內容逐漸熟悉，會發現一些看似不錯的點子其實早有對應的現成解決方法。

你手下的每個人都必須知道你很重視不斷改進。這也能減少他們對新理念的負面反應。

然而，你仍可能遇到一些用「大家不都一直這麼做」的藉口來當擋箭牌的人。這種說辭通常十分牽強，代表說者要麼無法提出合理解釋，要麼對於改變感到很受威脅。

明確劃分工作內容

訓練期間，最好能將工作細分為小環節，然後逐步教導每一個的功能。如果一股腦向新員工展示一整套工作流程，可能會讓他們感到不知所措。當然，你倒應該先解釋任務的整體目的，以及它該如何融入更大的運作範圍裡。

回饋機制

你要建立一套方法，以便評估新員工獨立工作後的表現，這點非常重要。在訓練過程中，每當員工熟練掌握一個步驟，應該讓他逐步從訓練人員的手中接管工作。這種回饋機制應適用於所有員工。設計此一機制時應確保，如果出現令人不滿意的表現，你可以在損害擴大之前及時發現問題。這一流程對於身為主管的人能否成功至關重要，不過由於具體操作會因公司業務而異，這裡無法提供嚴格的指導方針。

回饋必須來自組織內部。如等到從不滿意的客戶或顧客那裡聽到問題，那麼為時已晚。你應該在工作出現問題並且超出你的責任範圍之前，及時加以糾正。

品質控制

如果能制定讓員工容易理解並執行的品質控制流程，那就再好不過了。不要期望完美，這種目標是不切實際的。你應該訂定一個可接受的誤差範圍，並帶領團隊朝著這一目標邁進，希望最終超越它。如果目標現實可行，員工才會願意配合。

新員工需要清楚知道，一旦獨立工作，主管對於自己將有什麼期待。如果你的最終目標是達到九五%的工作效率，那麼向員工說明階段性目標會有所幫助。例如，你可能期望他們三十天內達到七〇%的效率，六十天內達到八〇%，九十天內達到九五%。這取決於工作難度：工作越簡單，達成最終品質目標的速度就越快。你要訂定具體的時間表並與新員工分享。

如果你能向員工明確說明自己的期待，他們會更有參與感。鼓勵新員工在感到無法達到目標效率時，及早與訓練人員溝通，讓雙方一起找出改進的方法。讓新員工知道你和訓練人員的回應是建設性的，而非懲罰性的。在訓練過程中，你希望新員工將你和訓練人員視為教練、益友，而非嚴師。務必表明你的目標在於幫助他們達標。

就算新員工已能開始獨立完成工作，也應該讓訓練人員繼續監督他們的工作，直到你認為成果達到標準且品質檢核已不那麼重要為止。對於每一次犯錯，應與新員工詳細討論，找出癥結所在並加以改進。訓練人員必須以通融的手法處理問題，儘管指出錯誤，卻不至於讓對方感覺受指責。例如，不要說：「怎麼又搞錯了？」而應說：「嗯，這次還不完全正確，但我覺得已經很接近目標了，你覺得呢？」

訓練階段結束

試用階段到某個時間點就會結束。在多數公司裡，這通常是在幾週或幾個月後。一旦新員工能獨立工作，就應安排一場正式面談，以為這個階段劃上句點。這是個好機會，因為你可藉此向新員工表達對其進步感到滿意，同時指出接下來他們將獨立工作，並且說明如何監控工作的品質和效率。此外，這也是延續第一週話題的好時機，也就是討論如何改進的話題。問問對方是否發現能改進工作的辦法，即使這時他們還拿不出具體建議，至少提醒他們保持開放心態，並讓他們明白你很重視對改進的建議。

表揚並且獎勵訓練人員

訓練結束之際，正是感謝同時獎勵訓練人員的好時機。如果訓練人員表現出色，可以找機會向他的同事分享這份肯定。訓練人員承擔了額外的責任，因此適當的讚美能傳遞一個重要訊息：努力付出是值得肯定的。此外，也可以考慮給訓練人員一些小小獎勵，例如週五放他一下午的假或者送他一張禮品卡。

第十四章

有效處理團隊對變革的牴觸情緒

主管工作有項重要任務，就是有效管理改變，其中包括三件事：其一、自己接受並支持改變；其二、了解為何你的團隊成員可能抗拒改變；其三、找出減少這種抗拒的方法。如果你能做到這三點，便掌握了主管必備的一項關鍵技能。

自己要先接受改變

你是否曾遇過不願接受公司改變的主管？這種主管可能會公開表達不滿，批評做決定的人不懂狀況，甚至設法說服你，強調這些改變對員工來說極其糟糕。此舉是管理上的大忌，因為這會讓員工對公司的決策甚至對公司本身失去信心。

身為主管，你不僅要準備接受改變並成為改變的推手，還需要支持那些你可能不認同的更改。最好的做法是坦誠告訴屬下，你不喜歡這項改變（因為他們可能已經感覺到了），但是表明你會積極支持，並且期望他們也能支持。

比如，公司決定換一套新的企業管理系統，但你認為舊系統已經夠好。如果你不支持這項新決定，會有什麼風險？你可能只從自己的角度看問題，而忽略了公司其他人可能看到的好處。你可能給員工傳遞一個錯誤訊息：你的意見比公司的整體決定更重要。身為新手主管，你要讓團隊成員和公司的目標以及決策保持一致。當然，如果你能參與決策過程，並讓高層管理聽取你的意見，可能會更容易接受改變。不過，無論你是否參與決策，身為主管，你都必須對公司的政策、程序、規則和決策主動表達支持。

抗拒改變

正如第二章提到的，大多數人天生就會抗拒改變。即使是職場上推行之明顯的良好改變，也常常會遇到抗拒。為什麼世人這麼抗拒改變呢？主要是因為大家害怕未知，擔心自己無法應對不確定性。例如，改變可能威脅到一個人的工作，或者他們擔心自己沒有足夠的能力肩負伴隨改變而來的新責任。有時，他們甚至不了解為什麼要改變。

抗拒改變也是很主觀的。每個人承受改變的能力都不同。有些人以前曾經歷過不好的改變，或者其成長環境把改變視為威脅，這些人面對改變時自然更加抗拒。相反，那些過去曾從改變中受益的人，或者從小別人教他要接受改變的人，通常較能接受改變。

另外，改變對每個人的影響也不一樣。比如：蜜雪兒一直有將寄出的包裹登記下來的習慣，方便日後追蹤或快速回覆客戶、供應商等的問題，所以公司新推行的包裹登記辦法對她來說完全沒有影響。但布萊德從來不做記錄，覺得這樣太浪費時間了，當公司要求登記所有寄出的包裹時，他覺得那是沒意義的「瑣事」，還對大家抱怨這條新規定。

如何減少抗拒

想完全消除團隊對改變的抗拒是不現實的，因為人們通常都會有抗拒的情緒。不過，你倒可以設法減少這種抗拒，而非將其完全消除。

最好的策略就是讓員工參與改變的過程，而且提供的資訊儘可能多。抗拒改變的原因通常是因為恐懼未知，所以你應盡量減少未知成分。未知成分越少，抗拒也就越少。當然，這不代表員工都能接受所有資訊，然而讓他們掌握準確的資訊，即使是不好的消息，也比他們一無所知或接收到錯誤資訊要強。如果你不主動提供資訊，他們也會想辦法從其他地方打聽，而這種來源的消息可能不準確。如果你能成為團隊獲取準確資訊的來源，他們就會把你視為應對改變的最佳指引。

接下來，解釋改變的原因，並指出他們可能因此獲得的好處。有時，改變可能對他們沒什麼直接好處，但卻能讓客戶受益，或者讓其他部門運作得更好。在這種情況下，你需要坦誠說明，例如：「這次改變對我們團隊可能幫助不大，但會讓整個公司更成功。」或者「不是每次改變都會對我們有利，但其他改變曾經幫助過我們，未來也還會有。」

最後，讓員工參與討論，共同決定團隊或部門如何落實改變。參與得越多，他們接受改變的意願就越高。有時，最抗拒改變的員工，一旦參與其中，反而會成為最大力支持改變的人。因此，試試一開始就找出那些抗拒最用力的人，讓他們站在你這邊。有了他們支持，改變就會進行得更加順利。

第十五章

員工紀律管理

績效標準會因業務類型的不同而有所差異，甚至在同一家公司內，不同部門之間也可能有所不同，因為各部門所執行的任務種類各不相同。

身為主管，你需要確保每位員工都清楚工作標準。如果你在標準不明確的情況下懲戒員工，容易引發問題、損害自身立場，甚至造成誤解。因此，績效標準不能模糊不清。

假設你已經清楚設定了每個職位的標準，而且這些標準可能已明文載入職位說明書中。職位說明書列出了該工作的責任範疇，讓你能根據這些標準評估員工的表現。同時，你需要在自己的管理範疇內設立監測方法，隨時了解員工是否符合標準。別以為只要沒有收到客戶或其他部門的投訴，就代表工作表現沒問題，因為等到出現這些警示，問題可能已經造成嚴重損害。

事先溝通

你用什麼態度面對員工的表現至關重要，而這種態度應在該他們剛剛就任時就傳達清楚。他們必須知道在訓練期間和訓練結束後，對自己具體的工作要求是什麼。訓練期間，你可以接受較低的品質和效率，但仍要確保在這期間，所有的工作安排都在控制範圍內，避免新員工的犯錯波及部門以外的地方。

回饋對於適當且有效的紀律管理極其重要。你應該設計一套系統，能讓自己迅速注意到未達標準的表現。關鍵在於及早發現表現欠佳的狀況並立即處理。在接下來有關紀律處理的討論中，我們先假設你已訂定了明確標準，並且員工也清楚並理解這些標準。此外，你還設立了能讓你及時了解問題所在的完善回饋機制。

避免針對個人

管理的一條基本原則是：對員工的紀律處理始終應該私下進行，千萬不要羞辱他們，就算已經走到解僱的地步也一樣。員工必須明白，討論重點在於他們的表現，而不是他們本人。無論經驗多寡，許多主管常把討論表現不佳的問題變成了對個人的抨擊。大多數情況下，這種做法可能並非出於惡意，而是沒有經過深思熟慮。

以下這些開場白就是糟糕的例子：

- 「你犯的錯實在太多。」
- 「我不知道你問題出在哪裡，從沒見過誰能像你這樣把工作搞砸的。」
- 「你的表現差到不知如何形容。」

這類說法雖然過於誇張，但職場中每天都有類似的話出現。就算主管的批評一針見血，但這類措辭只會讓情況變得更糟。這類說法會讓員工感到自己遭受人身攻擊，然而人類本能是在被攻擊時自我防禦。一旦防禦心態建立起來，雙方須先突破這堵心理壁壘，才能回歸問題本身。請給下屬一些信任和理解的空間。你不妨說：「我知道你也希望自己能達標，現在讓我們一起來討論如何改善你目前的工作績效。」

員工表現未達標準，可能只是因為他對工作要求有點誤會。或許他在訓練過程中漏掉了一些關鍵環節，結果導致系統缺陷，並使工作表現低於標準。拿出這種態度，可以一開始就讓員工明白，討論的重點是工作表現，而不是針對他個人。

雙向溝通

這應該是一場對話，而不是單方面的講述。許多主管會自顧自地說話，但這通常會引起對方反感。你需要鼓勵員工參與討論，否則很可能無法解決問題。

但要注意，不要矯枉過正！有些主管為顯公平，卻小心翼翼過了頭，甚至讓員工誤以為自己表現優異，還能因此獲得加薪。你必須清楚讓對方知道工作表現並未達標，但話該怎麼說非常重要。

員工走進辦公室時，設法讓他感到放鬆。對你來說，這可能不算件大事，但是對於一個不常進你辦公室的屬下來說，面對上司可能讓他感到緊張。因此，盡可能讓對方感到自在。討論一開始，就鼓勵員工及早加入對話。你可以這樣開場：「德瑞克，你在我們這裡上班三個月了，我覺得現在可以來聊聊你表現。你也知道，我非常希望你做好這份工作。你自己覺得目前狀況如何呢？」

採用這種方法，你能鼓勵表現未達標的員工主動提出問題。一般來講，除非公司從未告知員工應該達到何種標準，否則他對自己未達標準一事不會感到意外。萬一情況真是這樣，那就是訓練和溝通的過程出了大問題。

在員工說明自己的工作情況時，你可以把話題引導到未達到標準的地方。比如，你可以問：「我們對於熟手員工都會設定標準，你覺得自己快接近了嗎？」如果對方回答「是的」，你可以進一步追問：「你認為自己的表現和有經驗的員工一樣嗎？」如果他又回答「是的」，那可能代表該員工尚未真正進入狀況。透過這些問題，你可以逐漸將話題導入有關工作品質的討論。

如果你的耐心和技巧還是無法讓員工主動談起關鍵問題，那你就得自己把問題提出來。如果員工堅信自己工作狀況良好，你可以這麼說：「你這樣看待工作的品質十分特別，但這和我看到的情況不一樣。你覺得為什麼會有這樣的差異呢？」這樣就可以打開天窗說亮話。

消除誤解

在接下來的談話中，需要確保員工清楚了解上司對他有何期待，並確認你們雙方共識的內容，避免之後出現任何誤解。

談話結束之後，最好寫一份備忘錄存進員工的檔案裡。如果你管理很多人，這點對於幾個月後你回想談話的細節時會特別重要。

注重個人

有些員工所呈現的問題和他個人有關，無法完全分開處理。如果討論的是工作的質或量，那麼本章所提到的技巧可以幫助你讓員工明白，你是在檢討工作，而非評價他個人。然而如果涉及態度問題，就很難把兩者分開，有時甚至根本無法做到。

假設你手下有一位表現非常出色，但總是遲到的員工。處理這類問題員工比處理表現不佳的員工要難，因為你當然不想失去這位員工。在這種情況下，即便這位員工的表現很優秀，但如果你容許他每天遲到，其他按時上班員工必然心生不滿。（當然，如果公司施行彈性工時，那就另當別論。）

和這位員工談話時，較理想的解釋是，如果每位員工都不遵守工作時間，那會對管理造成麻煩，而你無法接受這種情況。此外，員工這樣做也在為自己找麻煩。你可以進一步探討這一問題，並開始尋找解決方案。

你可能發現員工面臨的是一個像照顧孩子那樣反覆出現且難以解決的問題。托兒所的規定有時很嚴格或會調整，這會讓員工無法準時上班。如果員工的孩子生病了，他可能需要繞路將孩子送到另一間專門照顧病童的托兒所，這樣該員工就可能無法準時上班。你可能需要調整員工的工作時間，例如讓他晚半小時進來，這樣可能就可以解決問題。

我們再來看看員工遲到的問題，因為這種情況十分常見，最終你總要面對它。

大多數有責任心且表現令人滿意的員工會對你的談話作出正面反應。你可能會注意到，接下來的十天左右，員工會準時上班。這時你會覺得自己在管理上取得了成績。然而，隨後你會發現，一旦壓力減輕，員工可能又故態復萌。你不能對這種情況掉以輕心，認為只是一次特殊情況。所有下屬都必須明白，你期望他們每天準時上班。

如果這種情況再次發生，你需要再次將員工召來談話，可是不必像第一次那樣詳細，只需要重申你之前的觀點即可。對方最近一次遲到可能真的有合理的原因，那麼這第二次的談話也許就能解決問題。如果員工後來大約六個月的時間都能準時上班，那麼你可以認為對方的工作習慣已經改變，日後就不再有大問題了。

處分表現走下坡的優秀員工

讓我們來看看一個逐步分析的案例，這是你可能面對的、有關員工紀律處分最棘手的情況。凱莉是你的直屬手下，負責為你的顧問公司提供高階主管的輔導。她會去客戶現場，與高階主管一對一工作，幫助他們提升管理技能並給予執行計畫的建議。她通常每星期會去客戶那裡一天，前後持續一兩個月。你不斷收到來自客戶的最佳回饋，對於凱莉的表現評價非常高，各方對她求才若渴。你也認定她是你手下數一數二優秀的員工。

但是，好景不常。你開始接到來自那批相同客戶（和一些新客戶）的回饋，表示她本應短暫的休息時間（五到十分鐘）拉長為一小時或者更久，而且每天來上幾次，還不包括午休用餐時間。這類回饋傳進你的耳朵已經好幾週了，於是你撥出時間和凱莉晤談，並告訴她有客戶抱怨。你解釋說，她讓高階主管乾等，這會讓她和公司看起來不夠專業，畢竟這些客戶的公司都付了大錢來換取服務。你還強調，這些高階主管都是根據她的方便來安排受訓當天的時間表。

然而，凱莉堅決否認自己真的休息那麼長的時間。你設法以開放的態度進行討論，讓她談談是否有工作上或私人生活上的問題在困擾她，但她始終表示一切順利，只是無法想像自己會休息那麼長時間。你決定擬出一個行動方案：凱莉需要休息五到十分鐘時，必須提前告知客戶（她要抽菸），然後看看手錶，告訴客戶當時幾點幾分，還有自己幾點幾分回來。

你以為問題解決了，然而事實並非如此。你依然收到客戶同樣的投訴，於是你又找來凱莉談了幾次話，重申不得違反紀律的原則，然而於事無補。你甚至還提出建議，如果需要的話，公司可以出錢讓她去外面找專家諮商，可是她拒絕了，繼續我行我素。你再給她一次機會。你告訴她，如果再收到一次相同問題的投訴，只能將她解僱。結果，你仍收到一次又一次的投訴，最後凱莉被解僱了。

許多人可能會將這種情況視為管理技術不奏效，但這看法並不正確。並非所有的人事問題都能透過妥協來解決。在這個案例中，你已竭盡所能改善情況：你給凱莉充分的機會去調整行為，請她向你敞開心扉，訴說她可能遇到的問題；你也為她制定行動方案，並多次給予改變行為的機會。然而，雖然她曾經是一位非常有價值的員工，但是現在如果所有努力終究徒勞無功，你唯一的辦法就是找人取代。

其他問題

你可能還遇到其他類似的問題，例如員工花太多時間上網處理與工作無關的事、午休時間過長，或者經常缺勤。當然，你的公司不是血汗工廠，每個人都難免偶爾碰上一些問題。關鍵在於如何有效處理那些不斷違規並且為你和公司帶來管理難題的員工。

對於主管而言，處理個人衛生問題可能是數一數二棘手的情況。例如，假設你部門裡有一位年輕女性身上飄散令人不快的體味，惹得其他員工竊竊私語，甚至避免與她接觸。這點無法接受，因為她的工作需要頻繁與其他人溝通，所以她的體味已然成為業務問題，必須你來處理。

與其親自出面，你可以考慮安排人力資源部門的人直接與該名員工對話。這麼做的目的不是為了逃避問題，而是為了避免這位女士每次一見到你就會尷尬，避免她因為不愉快的對話而一直感到難過。請人力資源部門的人在她辦公空間以外的地方與她談話，這樣既能解決問題，也能留下這位表現還不錯的員工。然而，如果情況過於敏感，令這員工極為尷尬，她最終可能還是會決定離職。

如何簡單改善績效？

有個簡單但有效的工具，可以幫助你讓問題員工徹底了解自己需要如何改善表現。如果事情進展得不順利，尤其更要確保溝通絕對清楚。為了取得最佳效果，可以在一對一與表現欠佳的員工談話時準備好這個工具。

這個工具只需要一張白紙，普通的影印紙就可以。將紙對折三分，如同準備裝進信封那樣，然後打開。沿著兩個折痕各劃一條水平線，現在這張紙被分成了三個大致相等的部分。

你向員工解釋，正在為他制定一個改善計畫。在第一部分的頂部寫上「優勢」，中間部分的標題為「待改進的地方」，下端部分的標題則為「目標」。接著再請員工幫你填寫這三個部分。當然，你要對每個部分都有清楚的想法，但是員工的意見非常重要，且可能提供寶貴的見解。

這是一個你與員工共同制定的計畫，員工的參與是關鍵。同時，身為主管，你還需要過濾員工的建議並視情況調整。如果員工提出的建議與你的觀點不符，就拿這些建議做為溝通的起點。

舉例來說，假設員工認為自己的優勢之一是擅長與團隊協作，但你並不同意。你可以先問對方：「為什麼你這麼說？」他的回應可能讓你改變看法，但也可能不會。如果他堅持立場，你可以告訴他，根據你的觀察以及來自同事的回饋，你希望將「能與團隊有效合作」列入他的改進項目。保持正面且積極的語氣，強調當次練習的目的在於幫助他成功，而成功的前提是準確了解自己需要改進的地方。

確定需要改進的項目後，再與員工一起商定一個具體目標，將其列入目標部分。比如，目標可能是每次團隊活動結束後再同事的匿名評分中，他至少能獲得三．五分（滿分五分）。每個目標都需要設定一個達成期限。

確保目標簡單而且清晰，避免任何誤解。盡量量化目標，比如「最低錯誤率」或「缺勤天數上限」等具體標準。

員工對自己要求通常會很嚴格，在評估需要改進的地方時特別苛刻，反而不太願意承認自己的優勢。他們還常提出一些你沒有想到的問題。如果處理得當，這個過程可以是利大於弊的。當然，這個流程中最重要的部分是目標。目標能讓員工明確知道應在約定的時間內完成什麼。

一旦雙方達成共識，請你和員工在計畫書下端簽名並標註日期。接著，把一份副本交給員工，並約定下次見面檢討進展的具體日期和時間。距下次會面的時間不要超過一個月。如果情況特別嚴重，則應縮短間隔。

這樣做可以讓你的管理工作簡單許多。下次會面時，員工進步與否會非常明顯。檢查目標以及對方的表現將是一個直截了當的過程。理想情況下，員工會達成所有目標。不過，即使目標悉數達成，你仍應重複一次這樣的流程，確保對方保持在正軌上。如果他第二次也完成了所有目標，再重複一次該流程仍有意義，但會面的時間間隔可以拉長。

如果員工持續進步，可以延長會面間隔；若無進步甚至退步，則需縮短時間間隔。如果多次更新改進計畫並與該員工數度晤面後，對方依然不見明顯進展，那麼情況就很清楚了：他的技能與這份工作並不匹配。這正是此一工具強大的地方：如果正確運用，幾乎不會有誤解的餘地。員工要麼取得進步，要麼就需另尋其他發展方向。此外，如果員工表現始終未盡人意，這個工具也能幫他大忙，讓他察覺自己可能需要改變。

懲處技巧

假設你有一名原本表現非常優秀的員工，但工作品質突然開始急劇下滑。你當然會針對這種退步情況持續與他溝通，希望將他挽回，可是你發現自己的建議只如馬耳東風。在這種情況下，可以考慮不調整對方當年的薪資，並且清楚解釋原因。提前讓他知道，如果工作沒有改進，他就無望加薪。既已提出這種警告或其他可能的懲處辦法，就須確實執行，否則有損你的主管信譽。此時，正是應用前面所提到的改進計畫和一對一對談流程的關鍵點。

另一種可以採用的處分方式是讓員工回到試用期。明確告訴對方，他的工作表現有待改善。你會給他充分的機會改進，但必須講清楚，你不能再容忍他目前低於標準的工作表現。讓員工重回試用期，可以讓他清楚認識，自己的工作正面臨風險，必須提升表現。

新員工通常從試用期開始，這可能是公司的慣例政策，也可能是個別情況。許多公司會訂下九十天的試用期。如果員工在試用期結束時表現良好，就會轉為正式員工，而且通常還會調整薪資，以表彰他順利通過試用。如果表現無法達標，員工則應預見會遭解僱。再次強調，這不應該出乎對方意料之外。如果員工對此感到意外，那就說明你與員工間的溝通做得不夠好。

第十六章

解僱員工的教戰守則

如果哪一件事會永遠留在主管的記憶中，那就是第一次解僱直屬部下的時候。這並不是件愉快的任務。開除員工對雙方而言可能都是個創傷。如果你處理得宜，員工不應該對自己將被解僱一事感到意外。但你可以設立更高標準：你的目標是在下屬因表現不佳而被解僱時，還能感激你讓他從這個職位上解脫了。真的。雖然不可能每次都達到這種效果，但你應該將其設為目標。

簡單來說，如果你與員工保持開放溝通，並讓對方參與改善表現的過程，他很有可能意識到自己的能力與工作並不匹配。在探討過程的細節之前，可先了解一些基本原則。

首先，除非員工不誠實或犯下暴力行為，否則突然解僱通常就是不對。大多數公司對於哪些行為需要立即解僱都有嚴格的規定。

其次，絕不要在你生氣的時候開除員工。不要因為一時衝動而採取這麼激烈的行動。如果某位下屬讓你忍無可忍，你想「讓他知道這裡是誰當家作主」，千萬不要受到情緒擺布。如果你真這樣做了，一定會後悔的。

閱讀這一章時，你可能會覺得，有些人不值得花費這麼多時間和心力來炒他們魷魚。如果你有這種想法，改改你的觀念。身為主管，如何有效率地解僱下屬，是數一數二重要且具挑戰性的任務。投入必要時間，專心做好這一件事，因為這能提升你的管理技能。

大多數公司針對解僱程序都備有指導方針，如果你不十分明白這些規定，應該詢問你的主管或者人力資源部門。與其草率行事，不如過度謹慎。事實上，有些主管的原則是「等到整個辦公室的人都在疑惑為什麼還沒解僱那位員工」時才採取行動。然而，主管如果採取這種原則，他的領導稱不上有效率。

努力改善現狀

在你的主管職涯中，最可能遇到的解僱情況，通常與員工表現不佳或無法（也可能不願）遵守公司的標準有關。有時，員工根本不適合其職位。雖然你已盡力，但對方可能因為招聘過程或者晉升決策失誤，才被派來你的手下任職。或許他能達到訓練所要求的基本程度，卻無法達到該份工作所需的表現水準。

「解僱」不應該是你腦海中浮現的第一個想法，因為流失人員成本很高。如果你最終必須解僱表現不佳的員工，可能要支付遣散費、過渡期健康保險福利，甚至協助新職安置。還要投入時間尋找接替人選。因此，你的首要任務應該是讓員工表現達到標準。

你必須先確定訓練工作是否到位並且清楚易懂。訓練師和學員之間是否存在性格隔閡，導致訊息傳遞不夠充分？重新檢視員工的能力測試、工作申請以及其他當初招聘的相關資料，以確認是否有細節被忽略。與該員工會面，討論對方目前的表現水準、工作所要求的表現水準與如何達成目標。評估他有沒有改善意願，或者對自己目前的表現是否感到滿意。

在這階段，你需要設法努力達成兩種結果中的任一種：第一種（也是最理想的）是，與該下屬合作，令其表現達到標準；第二種是，如果對方被解僱了，仍能感謝你的決定。

無論結果如何，溝通都是關鍵。現在是需要直言不諱的時候。含蓄毫無用處，必須讓員工清楚知道自己的工作面臨風險。同樣重要的是，要表明你希望看到對方進步，並且願意在他有決心改進的情況下盡全力協助。

此時需要將目標和雙方共識下的行動記載下來。不需要太複雜，一張紙就足夠。你和員工就他需要採取的改善步驟達成一致後，請將內容明文寫下，包括須完成改進的期限。

你的敘述應該清晰明確，例如：「你每天平均犯錯五次，必須在月底前減少到每天三次。」要求務必具體，這有雙重目的。如果員工達成目標，問題可能就解決了，並且你也可以留下這名員工。如果未能達標，你也已準備好啟動解僱程序。共識行動可能包括額外訓練幾天、分配一名導師，或者安排對方觀察一天某位在類似職位上表現出色的人。書面目標需要具體，包含量化的績效標準以及完成的期限。

談話結束前，還需要做三件事：

1. 讓員工簽署一份副本並帶走。
2. 確定你們下一次見面討論進展的具體時間和日期。
3. 告訴對方，如果提前與你聯繫對他更有幫助，你願意隨時聽取他的反應。

下次會面應該盡快落實，別超過一個月。再度會面之際，行動／目標清單需要更新，並請員工再次簽名。同時請確定下一次會面的時間和日期。如果對方未見改善，下一次會面的間隔需要縮短。如果他有進展，則可以適當延長間隔。

這個過程將會持續，直到員工的表現達到標準或者被解僱為止。隨著過程推進，結果會是下列兩者之一：要麼其表現改善到合理水準，要麼沒有起色。如果表現未見好轉，那對你和員工來說，他很明顯不適合目前的職位。你花在這個過程上的時間是值得的，因為現在可以篤定知道，應將對方從這個職位上開除。同時，這也可讓員工明白，自己不適合肩負目前的任務。

將員工可能被解僱的情況轉化為幫助他找到更適合的職位，這樣即使最終不得不讓她離開，也有可能得到他的一句「謝謝」。此外，你的努力會讓團隊其他成員清楚看出，情況允許的話，你希望團隊中的每個人都能成功。

你也有責任讓其他團隊成員對於自己表現如何始終知情，表現良好的時候也應該告訴他們。太多主管認定，只要員工沒有收到表現不佳的警告，就等於知道自己表現合格。然而，情況往往並非如此。這些員工可能會認為你根本不在乎他們的奉獻。

一旦確定下屬並不適任

除非你完全確信某位員工表現不佳，並且幾乎沒有希望將表現提升到標準程度時，才應考慮解僱這一可能的解決方案。

採取解僱這一最終步驟之前，還有一些替代方案可供考慮。以下是一些關鍵問題，幫助你在做出決定前仔細評估：

- 是否有可能將該員工調往目前你部門中的其他職缺？
- 如果其他部門將有職缺，該員工能否在那裡發揮功用？
- 這是不是因為把人放在不對的位置上才造成的結果？解僱一位也許在其他部門可以發揮所長的人，這樣對於公司是否真有好處？
- 公司規模是否夠大，可以讓該員工調往其他部門時不至於背負汙名？離職員工仍是公司公共形象的一部分。你是否能妥善處理這種情況，以避免損害公司在社會中的良好聲譽？

即使員工不喜歡被解僱，你是否能以適宜的方式處理，讓員工承認自己已經得到一切可能的機會，進而理解你別無選擇的無奈，甚至感謝你幫助他認清，該份工作與他的才能並不匹配？

務必注意，避免採取懦弱的方式，把責任推給「幕後黑手」，例如說：「在我看來，一天犯五次錯還不算太糟啦，但他們說必須降到三次，不然就逼我把你開除。」這樣的說法只能表明你是個傀儡，有人在控制你，你根本沒有自己的主見。

為「分手」做準備

將表現不佳員工的工作表現記錄下來極為重要。當然，你應該為所有員工保留相關紀錄。如果公司有正式的績效評估系統，這可能已經為你提供足夠的依據。這些紀錄很重要，畢竟因解僱而打官司的情況越來越普遍。你應該反問自己：「如果需要，我能否完全證明這次解僱的理由站得住腳？」如果你的答案是肯定的，那就不用太擔心。

彈性與一致性

有些員工可能因為缺勤過多而需將其解僱。不過，由於公司在病假的規定上差異很大，很難討論缺勤到什麼程度尚可容忍。有些公司有固定的政策，例如每月允許一天病假，或每年累計十二天；而其他公司則採用較靈活的制度，根據具體情況由管理高層自行決定。毫無疑問，這種彈性制度比硬性規定更難以執行。在評估每個案例時，你必須能為自己的決定辯護。

沒有正式政策會有一個缺點：公司內部可能出現決策不一致的情況。例如，寬鬆的主管可能會包容幾乎所有的缺勤情況並照常支付薪水，而嚴格的主管可能會扣除缺勤天數的薪水。如果沒有正式規矩，那麼部門之間以及主管之間的溝通就必須非常順暢，以確保整個公司依循大致相同的標準。

併購以及收購

併購以及收購在企業界十分常見。通常，公司會向全體員工保證新的公司不會進行人事變動，但往往不到六個月，調整就開始了。隨著重組的執行，有些人被裁員了。這種情況下，並非所有被裁的人都是能力不足的員工。他們可能只是因為其職位在母公司中已經存在，也可能是因為他們在組織中的層級過高，或者薪資過高。

如果你碰上這類收購案，只能寄望母公司能夠以厚道方式處理。若有必要裁員，應該拿出對被裁員工負責的態度，例如給予一段合理的薪資延續期、在其申請新職位的過程中提供辦公空間和行政支援，或者提供個人職業諮詢服務等以減輕衝擊。

身為主管，你可能不會對員工講出任何有關收購的新訊息，但是上級或許會指派你去通知部門內的一些人，告訴對方將被解僱，甚至可能要你負責挑選被裁人選，例如要求你縮減一〇%的人員或降低二〇%的薪資成本。這些決策非常棘手，因為它們往往與員工的實際表現無關。你所能做的就是以盡可能厚道的方式完成這項任務。

面對這樣艱難的任務時，所有的決策應以留下的員工為重心。留下的團隊成員會密切觀察你將如何對待即將離開的員工。如果你能按照公司政策所允許的範圍，最大程度展現體貼以及厚道，這將向留下來的員工傳遞出你重視離職員工貢獻的訊息，同時也表明你同樣珍視仍留在你團隊的下屬，有助於減輕裁員對團隊士氣所造成的長遠負面影響。

在這種情況下，每個人都明白裁員是併購的結果，因此最好直言相告，這樣至少能幫被裁員工保全面子。如果工作無法保住，保全面子對其而言也是一種安慰。此外，運用你在組織中的影響力，為這些員工爭取一些幫助。

用資歷深淺來決定誰去誰留通常不是上上之策。但為「公平」起見或是避免法律糾紛，許多公司還是會採用這種方法。按照「後進先出」的原則裁員，至少可以避免員工認為裁員針對他們個人。

裁員

「裁員」這個詞會讓全體員工感到恐懼。我們不會深入討論裁員的所有爭議，只想說這並不總能達到預期的效果。這裡將討論兩個基本面向：你身為員工的生存之道，以及你身為新手主管可能需要扮演的角色。

你的上司也會擔心自己的職位，同時會關注你負責的業務範圍。裁員的震盪會波及整個組織。許多自認為不受裁員風波影響的主管和高階人員最終也可能完全措手不及。

最好的建議是：「不要讓人看出你在緊張。」要對自己的能力充滿信心。去問上司你能不能保住工作，只會造成對方額外的負擔。不如換個方式，主動表示支持：「我知道目前對你來說很不容易。我只想讓你知道，我願意盡全力協助你。」

在裁員過程中，誰也無法保證你的位置一定坐得穩，但如果你能成為解決問題的得力助手，而不是只在乎自己的職位並給上司添麻煩，就更有可能增加留任的機會。

身為主管，公司可能要求你向一些即將失業的人轉告這個壞消息。上一節提到的、關於併購和收購的建議同樣適用：用人性化的態度與他們接觸，同時還要留意，未遭裁員的員工會密切關注你的舉動。

即使你在裁員的風波中倖存下來，但看到許多朋友未能保住工作，你也很難感到慶幸。你可能甚至會對自己能保住工作感到一絲內疚，這對一個富有人情味的主管來說完全是正常的反應。

解僱過程像個劇本

截至目前，我們所討論的都是解僱前的準備程序。現在，就讓我們聚焦於解僱這件事本身，尤其是身為主管，你所掌控的解僱時機。

大多數主管偏好將解僱程序安排在星期五下午。如此一來，等到解僱手續辦妥，當事人的同事通常已經下班。如果員工應該立刻清空辦公位置，也不需因為當眾收拾個人物品而感困窘。此外，週末還可以讓遭解僱的人有空間準備求職、申請失業救濟，或處理其他有待完成的事項。

解僱面談結束之際，應該把應付的款項當場拿給被解僱的員工。失去工作已經足夠令人情緒低落，再讓對方擔心最後薪水何時到帳只會雪上加霜。如果公司有遺散費制度，也應該在此時一併支付。此外，未用完的年假或病假也應計算在內並給付。

換位思考，即使你已經做出最大的努力，被解僱的員工可能仍然覺得解僱並不完全合理。如果他未能拿到應得的每一分錢，可能會想：「看來我得請律師幫我討回他們欠我的錢了！」事先把所有這些事宜處理好，可以避免對方萌生打官司的念頭。

另一項對被解僱員工的基本尊重是不要走漏解僱計畫的消息。當然，人力資源部門以及敘薪部門需要知情，但除了必要的管理人員之外，應該保密到家。

解僱劇本的最後一幕對於你這主管而言往往是最尷尬的，因為在那一場情緒難抑的最後面談中，很可能只有你和對方面對面。如果擔心被解僱的員工可能會有不良反應，最好邀請一位同事參加談話，例如人力資源部門的人或另一位主管。這樣，萬一面談內容日後引發爭端，當時在場的第三方可以出面作證。

無論有無同事陪同，會後最好立刻以書面的方式總結面談內容，以便必要時能回憶起會談的細節。

解僱面談應該扼要回顧過去發生的事，但不需要細數對方犯的所有錯誤。你不妨這樣說：「我們之前已經多次討論過了，想必你也清楚，公司對於這個職位有一定的標準。過去幾週，我也向你指出，你的工作表現並未達到這些標準。我們已努力協助你改善，然而結果並不理想。我相信這不是你不願意努力，不過事情確實沒有如願。基於我們之前所談過的，我想你對這個結果不會太感驚訝。我很遺憾要告訴你，公司不得不決定從今天起終止我們的聘雇關係。我和你一樣，希望事情能順順利利，但終究不得不面對現實。這是你最後薪資的支票，包括一個月的遣散費以及沒請完休假和病假的補償。我希望你能很快找到更適合自己技能的新工作。」

你可以根據實際情況調整措辭，但以上說法既不蓋過壞消息，也不過於直白，傳達了該說的內容。擬定你認為得宜並令對方感覺舒服的說法非常重要。

如今，直接在薪水袋裡放入解僱通知單的做法已被淘汰了，因為這種手段極不厚道。雖然在某些情況下，如工廠大規模暫時裁員或公司整個關閉時，此舉可能無法避免，但如果因為員工表現未達標準而解僱，唯一的處理方式就是一對一面談。對於主管而言，直接和將被解僱的人員對話可能不會教你舒服，然而這是你的一項職責，必須正面以對。在多數公司中，這種最終面談是懲處程序的最後一步，而且根據美國《勞動法》的規定，這也是恰當的處理方式（編按：依據台灣《勞動基準法》規定，雇主解僱勞工需事先通知，預告期間內勞工可請有薪謀職假）。

對解僱的最後考量

仔細思考一下，你會發現繼續留用不合格的員工對公司和該名員工都是不公平的。對自己無法勝任的工作，誰也不會感覺自在。此外，這對那些已經達到或超過標準的其他團隊成員也不公平。

諸多案例顯示，解僱不適任員工反而像公司幫了對方一個大忙。當下員工可能不這麼想，但事後他會發現這是正確的決定，而且從長遠看，他後續實際上也發展得更好。

有些主管在解僱員工時感到挫敗，不過下面這項數據或許稍能讓你覺得寬慰：研究顯示，被解僱的員工當中，有七成在下一份工作中的表現和薪資都會更好。這是因為他們之前的工作不適合，而解僱才讓他們有機會找到更適合自己的職位。

最後，讓我們來強調本章最重要的一點：你須確定這次解僱理由足夠充分，而且必須盡可能地做到客觀。如有疑慮，找一位經驗更豐富的主管或人資專業人士談談。一旦你確定不得不解僱某位員工，留意這個決定對他來說並不會太突兀，並以體貼、厚道且周全的方式處理整個流程。

第十七章 要有法律意識

身為新手主管，為求避免任何法律責任，了解現行的勞動法規以及實務與規範非常重要。你不需要成為專家，畢竟這是人力資源部門的工作。不過，若你不確定某種行為是否違法，例如構成職場性騷擾的要件，你仍需要找出答案。

對於新手主管來說，了解需要避開哪些關鍵法律風險以及你擔負的法律責任十分有用。你要特別關注以下的法律問題：性騷擾、身心障礙、藥癮酒癮、隱私權、家庭照顧與醫療假，以及職場暴力等議題。再次強調，你不必是法律專家，但實際上，出事時推說不諳法律，這藉口並站不住腳。太多公司因為主管不懂法律或未能落實規定而吃上官司，最終必須付出巨額賠償。

性騷擾

性騷擾指對個人工作造成影響、帶有性意味之任何不受歡迎的行為。根據美國平等就業機會委員會（Equal Employment Opportunity Commission，簡稱EEOC）的定義，性騷擾包括：令人不舒服的性暗示、性要求，以及其他與性相關的言語或肢體行為，並且干擾個人的工作表現、營造出敵意或不友善的職場環境。任何組織如果存在敵意環境，且無法證明已採取措施預防並糾正性騷擾行為，都將對此擔負法律責任（編按：台灣已頒布《性別平等工作法》，規定雇主對防止性騷擾應採取的適當措施）。換句話說，如果你的部門縱容、未能發現性騷擾或沒有對這種行為採取因應措施，公司可能需要承擔法律責任。即使主管的目的在於打造一個良好的職場環境，但是如果忽視性騷擾等問題，會讓公司面臨風險，進而影響公司的名譽和營利，最終也會對主管的職涯發展造成負面影響。

危險徵兆

為了幫助你預防並察覺工作環境中的性騷擾，以下是一些需注意的危險徵兆：

- 講黃色笑話。
- 發出親吻聲。
- 討論性相關的話題。
- 用「甜心」、「辣妹」、「寶貝」等親暱字眼稱呼同事。
- 發表針對特定性別的貶損言論。
- 展示不恰當的圖像，例如電腦螢幕或者手機上的圖片、張貼在辦公室或者工作區域內的圖片、衣服上的圖案、咖啡杯或者玻璃杯上的圖案。
- 任何讓他人感到不舒服的觸碰（以不正經的方式握手也算）。
- 將較不重要的職責分配給某一性別的員工。
- 未平等提供升遷機會給所有員工。
- 出於性別原因給予某人特別待遇。

從這些危險徵兆中可以看出，性騷擾可能是明顯的行為，也可能以比較隱晦的方式發生。

大多數公司都會提供有關性騷擾的訓練課程，教導員工如何預防性騷擾。一些公司則要求員工完成簡短的線上課程，並簽署聲明，表明已閱讀相關資訊並承諾遵守規定。此外，公司可能還會要求員工參加測驗。員工完成測驗並簽署聲明便可以向政府證明，公司已盡力教育員工。

身為主管，你必須竭盡全力確保屬下了解，公司不能容忍任何形式的性騷擾。此外，萬一發生性騷擾事件，你必須立刻報告。如果你加以忽視，你和公司都將面臨風險。

身心障礙

《美國身心障礙者法》（The Americans with Disabilities Act，簡稱ＡＤＡ）禁止歧視身心障礙人士。「身心障礙」是指個人因身體或心理上的障礙，對一種或多種主要生活活動造成了實質性的限制，包括曾經有該障礙的病歷紀錄，或被認定具有此類障礙的情況。

你可以告知求職者，該職位需要符合某些身體上或心理上的要求，但這一規定必須對所有應徵同一職位的求職者一體適用。你也可以詢問求職者是否願意並有能力執行這些任務。如今，大多數公司都盡力滿足身障人士的需求，認為這是身為社會負責任成員的重要貢獻，同時也將身障員工視為重要人才的來源。

你的部門必須完全避免對身障人士有任何形式的歧視或騷擾。以下是一個歧視身障人士的例子：

在一家大型銀行的地方分行中，有兩位職員都是升任分行經理的人選。他們在銀行業務技能、工作資歷、績效評估等方面表現都相當接近。其中，亨利在客戶服務方面非常出色，經常有客戶稱讚他熱心並且專業。你可能會認為亨利因這方面的優勢而略勝另一位人選瑪西亞一籌，應該受到拔擢才是，然而事實並非如此。他沒能晉升到這個職位，原因在於他是身障人士。

做出這項人事決定的分行經理是這麼表述的：該職位的一個重要義務是下班後或週末需與同事進行社交活動，而這些活動往往要求體能，例如泛舟、騎自行車、打排球等。由於亨利無法參加這些活動，分行經理決定選瑪西亞。

毫不意外，亨利提起訴訟並且勝訴。

大多數公司在員工手冊中載明，如果員工在工作場所做出某些行為，公司將立刻予以解僱，而吸毒品或喝酒通常名列前茅。然而，一九七三年的《聯邦康復法案》（Federal Rehabilitation Act）將吸毒者或酗酒者視為身心障礙者（編按：台灣的《身心障礙者權益保障法》其中未包含關於酗酒、吸毒者的條文，此處僅供參考），因此這些人是受反歧視法保護的。身為主管，你應該了解以下幾點：

首先，你不能直接指控某人酗酒或吸毒，但可詢問對方是否喝酒或濫用毒品。如果對方否認，你必須清楚描述你之所以提問的原因，例如：工作時打瞌睡、說話含糊不清、撞到家具或是設備、工作效率或是品質下降等。你的上上之策是只專注於員工的行為。如果員工無法合理解釋，主管有權叫他回家以確保其本人及他人安全。但是切記，不能讓其自行開車回家，否則途中萬一發生意外，你和公司都需承擔法律責任。

其次，不要隨意透露員工疑似吸毒或酗酒的相關消息，否則可能引發誹謗訴訟。該項消息僅可告訴你的上級、公司人力資源部門及合格的專業輔導人員。

最後，你和公司應遵循大多數州的法律，負起為員工提供復健管道的責任。你應努力將員工轉介給EAP的專業人員，以讓前者獲得適當指導。如果員工行為遲未改善且未參加康復計畫，你才可以啟動紀律處分程序。

身為主管，熟悉公司政策及所在州別的相關法律無比重要。一旦接掌管理職務，請立即從人力資源部門取得這些資訊。

隱私權

大多數公司認為，只要理由正當，依法有權檢查員工的工作區域、聽取語音信箱或者查看電子郵件和電腦檔案。然而，我們的社會認為每個人都享有合理程度的隱私權。因此，你應該了解哪些有關員工的資訊可以或不可以對外透露。例如，毒品檢測結果、薪資或者信用資訊（例如消費貸款）都不可以透露。

家庭照顧與醫療假

《家庭照顧與醫療假法案》（Family and Medical Leave Act，簡稱FMLA）允許員工每年最多可申請十二週的無薪假（編按：台灣勞工的家庭照顧假日數併入事假計算，全年以七日為限，詳見《性別平等工作法》）。目前，該法案僅適用於擁有至少五十名員工的公司。根據法律，雇主必須批准符合資格的員工申請無薪假，原因包括：

- 新生兒的出生及照護。
- 安置領養或寄養子女。
- 照料因嚴重健康問題而需要看顧的配偶、子女或父母。
- 員工因自身健康的嚴重問題而無法上班。
- 員工因配偶、子女或父母現正服役，或被徵召為國民警衛隊或後備役現役成員，而發生符合資格的特殊情況，員工得以申請休假。

根據法律，員工返回工作崗位，其原職位或類似職位應受到保障。此外，在家庭照顧假期間，員工有權繼續享受一切醫療福利，不過，員工必須在公司工作大約滿十二個月後，才符合申請資格。

以上為一般資訊，請務必向人力資源部門取得有關《家庭照顧與醫療假法案》的最新詳情。

職場暴力

不幸的是，職場暴力相當常見，應該引起每個組織和主管的重視。職場暴力的例子包括威脅、言語辱罵、霸凌、推推搡搡、間接攻擊行為（例如侵入電腦系統並且加以破壞），甚至使用危險或致命的武器。

每個組織和主管都必須展現出全力維護無暴力職場環境的決心。以下可能是預示你的部門或組織存在暴力風險的警訊：

- 員工缺乏表達意見的機會或意見未獲傾聽。
- 缺乏提升新技能的訓練。
- 管理不當。研究顯示，這才是職場暴力升高的首要原因，而且暴力往往針對不稱職的主管。

- 不夠尊重員工。
- 員工有職場暴力史。
- 員工正面臨嚴重的個人問題。
- 藥物濫用問題。
- 員工在外表、人際溝通以及其他行為上改變明顯。
- 工作環境迫使員工或團隊間激烈競爭，導致一部分人感到挫敗或遭排擠。
- 保全系統未能有效篩查「外人」。

如果需要親自應對部門內的暴力下屬，務必保持冷靜，不要使用威脅語詞，設法讓對方持續對話，同時通知公司的保全部門。切勿單獨處理危險情況。

主管角色

身為主管，你在建立和維護安全且尊重他人的職場環境中扮演著關鍵角色。這不僅是你數一數二重要的管理責任，還是你肩負的法律義務。你的行為舉措將深刻影響團隊成員，使其認識什麼行為可接受，什麼行為無法容忍。務請記住，在本章論及的任何領域中，如果你有不確定該如何處理的地方，一定要聯繫熟知相關情況的人，以尋求其指導。

第三部

凝聚團隊向心力

成功的管理涉及營造建設性的關係，以及識別和掌握機會。

第十八章 沒有祕密

許多主管，不論新手還是資深，都會在獲悉別人不知道的事情時感到「唯我獨享」的滿足。他們認為，只要不把某些訊息說出去，其他人就不會知道。這樣想就大錯特錯了。如果你不讓團隊知道發生了什麼，他們會從其他來源打探消息，或者乾脆自己胡猜。此舉可能對你不利，原因有二。你的團隊成員從他處獲得的消息可能不正確，或者可能基於錯誤假設做出判斷。更糟的是，他們可能根據這些錯誤資訊或假設採取行動。

有些不好的主管不喜歡與直屬部下分享訊息。他們認為如果祕而不宣，自己會掌握更多控制權，變得更有權力。但這是不對的。最有權力的主管是那些願意與下屬分享訊息的人，這樣他們可以讓團隊成員更能自我管理。

及時提供準確訊息能夠提升你的可信程度。此舉會讓團隊將你視為可靠的消息來源，同時也為組織效率作出貢獻。一旦提供了準確的訊息，你更有可能讓團隊做出正確的決策，而能在無需幫助的情況下做出正確的決策，才是授權的關鍵。分享正確訊息是授權過程的一個要件，也就是本書始終強調的「目標務求清晰」。

你可能已聽過這句話，而對主管來說，這是需要時刻留意的重要事實：人們的行動依據是對事實的認知，而非事實本身。主管的關鍵職責之一，是確保事實與認知基本一致。

在組織中，很少有事情需要絕對保密。通常需要保密的事，只是因為時間點的關係，例如：「我們需要暫時保密幾週，等細節敲定後再公布。」

然而，有些主管會對刻意隱瞞不必要的祕密感到滿足，但這可能招致麻煩。如果下屬對於主管會議中討論的內容做出錯誤的臆測，並且把這些臆測當做行動的依據，就很可能導致他們方向偏差，甚至與你和團隊的目標背道而馳。更正屬下所認知的錯誤資訊，往往比一開始就讓他們知道正確資訊來得困難。

當然，並不是所有資訊都應該分享給團隊。某些資訊基於合理原因，可能需要暫時或永久保密。主管判斷資訊是否可以披露以及何時披露，是其角色中至關重要的一部分。

一個典型情境

在許多組織中，通常會定期召開主管會議，例如每週一早上八點半，即大家耳熟能詳的「週一主管晨會」。如果週一正好是假日，會議就改到週二早上舉行。（我們都見過類似的通知：「週一主管晨會改在週二舉行。」）

假設這通常只是一場一小時的會議，但當你與另一位主管一起走回辦公室時已經過了兩小時甚至更久，部分員工可能開始議論：「嗯，真想知道他們今天決定了什麼！」或「他們去那麼久，一定有大事要發生。」其實，可能只是當地聯合勸募協會（United Way）的負責人要求開個會，說明組織裡的一些變動。由於你的公司是積極參與社會公益的企業公民，聯合勸募協會只是為了建立企業支援。這對公司本身沒有直接影響，而屬於社區公關事務。然而，如果你完全不加解釋，部分員工很可能假設有什麼大事正在醞釀。

每個人都急切想知道發生了什麼事。你當初必然希望自己聘用的團隊成員行事主動並能自主決策。如果不提供對方完成這些任務所需的資訊，只會對你和你的目標不利。

在員工調查中，數一數二受其重視的訊息是「與我切身相關的變動」。即使是可能與他們無關的事，員工也需要知道；若什麼都不知道，他們就會開始胡猜，而且猜來猜去總沒猜對，甚至相差甚遠。

身為主管或是行政高層，多溝通總勝過少溝通。

假設你的部門有十五位下屬，共分成三個小組，每個小組由一位督導負責，各自帶領五位員工，而督導本身也有自己的工作任務（這種典型安排是員工邁向主管職的第一步）。每週主管會議結束後，你會將這三位督導叫進辦公室，簡單說明會議內容，再責成對方將資訊轉達給自己的團隊。你必須確保他們如實傳達資訊，而不只是自己知道。

如果你能始終採用這種辦法，將會營造一個充滿自主性和凝聚力的團隊。下屬甚至會向其他部門的朋友分享：「我們主管很願意讓我們了解情況。」反之，如果你不照做，錯誤資訊就會到處流傳，等你意識到問題時才去修正，那會相當麻煩。

第十九章

人力資源部的角色

人力資源部（英文通常簡稱為ＨＲ）可以成為你初入主管職涯時的重要夥伴。ＨＲ能協助你處理許多新手主管不熟悉的領域，例如招聘、指導、訓練與發展、員工協助方案、福利、薪資管理、懲處程序、升遷、績效評估、應對麻煩上司、解僱以及與管理相關的法律問題。熟悉人力資源部門或其中個別人員能為你提供哪些協助，對你自身的佳績以及團隊能否達標至關重要。因此，與ＨＲ建立良好的合作關係是非常重要的。

主管參與招聘過程

你在招聘時與HR互動的程度，取決於你在選人過程中握有多少權限。在許多公司中，HR負責對求職者進行初步篩選，但最終決策通常由相關主管負責。如果最終決定由部門或營運層級做出，整體選拔過程將更具成效。如果主管對員工聘用毫無發言權，事後萬一不滿意錄取者，可能使新員工陷入不必要的困境。幸運的是，大多數公司允許營運部門從三至五位合格人選中做出最終選擇。

有時，新手主管會被他們的上司排除在招聘過程之外。雖然這樣的考量可能出於好意，但其實是一個嚴重的錯誤。正如下文將討論的，招聘是主管數一數二重要的責任。新手主管越早開始培養招聘技巧越好。資深主管至少該讓新手主管參與這個過程，且隨著經驗的累積，應讓資淺主管挑選自己將帶領的人員。

主管對於自己挑出的人，通常會比由他人選擇並安排的人懷有更強的承擔感。主管說什麼都不該認為：「我根本不會錄取這傢伙。」然而如果主管在招聘的過程中被排除在外，他難免會萌生這種想法。

雖然人力資源部門的人員認為自己是招聘專家，但如果某個應徵者不是你希望聘用的對象，那麼其意見並不重要。你對人力資源部門所推薦的人選如何反應非常重要。你必須認真對待他們的建議，但前提是對方已經完全了解該職位的需求。如果他們並不清楚，那是因為你沒能提供足夠的訊息。他們不可能對公司每一個職位都瞭若指掌，就算他們握有每個職位的描述資料也是一樣。你才是你所負責之業務範圍內所有職位的專家，應該透徹明白每一個職位的要求才是。

升遷以及其他員工事宜

你還涉及到人力資源部門的升遷決定。你自然傾向於從自己部門內提拔員工，這是天經地義的事。你對他們及其表現最為熟悉，而且他們也最了解你的業務操作。

如果你要從公司其他部門尋找合適員工，人力資源部門也能幫助你。例如，他們可以向你展示當初招聘該員工時所收集的原始資料，以及自那以後所取得的資料。大多數情況下，他們還會向聘用該員工的部門徵詢意見，拿到你可能無法直接獲取的重要資訊。此外，在一些公司中，人力資源部門負責員工福利方案，因此，如果你的直屬員工在這方面遇到問題時，你也可以向人力資源部門尋求幫助。

如果你以前未有管理下屬的經驗，人力資源部門可以是你有力的後盾。在處理未曾碰過的管理問題時，通常可以向他們請教，以獲得建議與協助。人力資源部門也是存放許多有關人員管理之專書和專文的地方。

在許多公司中，人力資源部門負責訓練計畫。儘早熟悉有關你自己和團隊的訓練選項對你來說助益不小。優質訓練所帶來的優勢不容小覷，但前提是你知道有哪些方案。

人力資源部門面向整個公司，你可以和他們討論一些你可能不願意與上司討論的「人員問題」。因此，你不僅在挑選員工方面，還可以在訓練以及管理他們的方面依賴人力資源部門的協助。

人力資源部門也能夠為你的職涯發展提供建議，推薦你可以參加的課程及方案，以提升你的管理和技術能力。該部門還能協助你了解晉升機會，並且與你一起擬定行動計畫，幫助你達成晉升的心願。務必記住，該部門不但能幫助你找出值得拔擢的人選，也能幫助你找出對你有興趣的主管。

許多組織將人力資源部門視為員工可以向其提出任何不願與上司討論之問題的地方。這對員工和公司來說都是一項寶貴的服務。但願你的人力資源部門在其職能上能獲得適當的訓練和教育。

萬一你發現人力資源部門沒能為你提供良好的服務，你的做法務求謹慎、圓融而且面面俱到。如果你有必要對其提出異議，請小心處理，並確保自己握有充分的事實依據。他們不會喜歡聽到別人批評自己做得不夠到位。如果你想質疑他們，就必須準備好充分且有力的實證。務必以合作而不是對立的語氣和對方說話。

如果這種方式不起作用，你就要仔細評估，是否應該直接與他們對抗或者將問題升級。謹慎行事，確保你所營造的緊張局面從長遠來看有其價值。如果他們存心作梗，完全能讓你不好過日子。

總之，人力資源部門不僅可以協助你完成整體的管理工作，也能幫助你實現個人的職涯目標。如果你能獲得一個稱職人力資源部門的高度評價，那可是一張大大的好牌，因此千萬別與這個部門脫鉤了。

第二十章

如今還講究忠誠嗎？

近年來，忠誠這概念的地位逐漸下滑。雖然忠誠依然存在，但現在人們通常更謹慎，只有在認為對方值得時才會付出。頻繁更換雇主已經成為普遍現象，而現今職場的高流動性也進一步削弱了忠誠度。

目前普遍的觀念是，必先證明值得才會忠誠以待。主管必須先展現值得信任的行為才能贏得忠誠，同樣，員工也要以行動證明自己值得信任。最後，公司只有在管理階層與員工都認為值得時，才能獲得忠誠。因此，在許多組織中，一旦缺乏忠誠，往往導致團隊合作減少，也無法建立起信任關係。

不再時興忠誠

可惜商業圈子如今很少講究忠誠。當某家公司收購另外一家公司時，即使聲明「我們不會對被收購公司進行人事調整」也通常沒人相信。這類聲明通常可視為大規模重組與縮編的前奏，而且這種看法其來有自，因為一次又一次的經驗證明：即便事前得到保證，幾個月後仍會大規模出現員工職位不保的情況。

在職場中，確實存在許多貪婪、無情與短視的行為，也有某些重組與合併的舉措攸關公司能否存續。然而，當員工看到朋友因公司精簡而丟掉工作，不免心生警惕。的確，有些董事會抱持既懷疑又自私的態度，有些善於操控的人貪得無厭，但也有一些憂心忡忡的管理者只是想挽救公司。不過，也有一些主管與員工不再信任任何人。那該怎麼辦呢？展現忠誠常被視為天真之舉，這在某些情況下可能沒錯，但如果忠誠被當作笑柄，人們可能在應該展現忠誠的時候選擇不要展現。

我們應該變得自私狐疑，再也不展現忠誠嗎？還是應該在證明對方不值得忠誠以待之前，就先拿出忠誠？第二種選擇其實更為合理且具說服力。抱持自私狐疑的態度不僅對組織有害，也對自身不利。如果一貫抱持懷疑、不信任的態度，你最終會成為愛嘲諷的酸民。一個毒舌的喜劇演員可能很出色，然而身為主管，這種態度只會讓你成為不良榜樣，無法激勵團隊。

因此，保持適度忠誠對你自身更加有益。不僅是對於組織，還包含對上司及團隊成員忠誠。這意味不要在公共場合批評自家公司。對於許多朋友或熟人而言，你可能是唯一得以認識你公司的管道，所以你的言論會塑造其對公司全部的印象。如果你表現得既負面又苛刻，這種印象不僅會傳遞給你的熟人，還可能影響更多人，而這對你本身並無好處。

適度忠誠還包括不要批評你領導的團隊成員。即使有時候你覺得批評於理有據，也要避免這種衝動。言論貶低別人往往反映你的為人，而不是對方的問題。應基於善意給公司及其人員一點信任與空間。如果你已經徹底認定公司不值得你對它的忠誠，那麼就是另擇良木而棲的時候了。

第二十一章

真有「激勵」這種東西？

某些主管對「激勵」的定義是：「按照我的吩咐去做，盡量少添麻煩。」這純粹是威權，和激勵沒半點關係。這種方式在於利用職位上的權力，結果屬下做事不是因為想做，而是因為別無選擇。

真正的激勵是讓人自願並樂意去完成必要工作，而非靠強迫來達成目標。優秀的主管會這樣著手：先花時間了解什麼能夠激勵員工，再將這些動力與組織的需求結合起來，並創造一個能讓員工達標的環境。了解如何激勵員工的方法有很多：其一、觀察員工行為；其二、與員工相處幾個月後逐漸了解他們；其三、讓員工填寫調查表或是問卷。另外還有一個更簡單的方法：直接詢問他們！

自我驅策

唯一真正有效的激勵是自我驅策。雖然員工可能真心希望組織蓬勃發展，但主要還是受自身的利益所驅策。最成功的主管能巧妙地將團隊成員的自身利益與組織目標結合。

一旦你的工作符合自身利益，動力就會自然而然持續下去，不需強迫就會去做。主管的一項重要責任是將團隊成員的心態從「不得不做」扭轉為「想做」。

出色的主管能觀察和理解每位下屬如何反應，進而有效完成工作。如果員工能自我驅策，這股力量可能促使他們全力以赴完成工作，但也可能讓他們以最低標準將工作應付過去，只圖達到基本要求。他們的反應各不相同，你需要深入了解他們，知道他們如何反應以及對什麼有所反應。

有些人因為有望晉升而自我驅策。一旦他們看出自己當前的表現與晉升機會有所關聯，便會盡量發揮實力。有些人則希望得到主管的認可，而且認為只有主管對自己的工作表現感到滿意，他們才能獲得這份認可，因此會激勵自己朝這個方向邁進。還有一些人喜歡與同事友善競爭。這類人希望成為該業務領域的佼佼者，因此也會努力實現這個理想。

很多人工作只是為了賺錢，而賺更多錢的方法就是表現得更好，以提高下一次的加薪幅度。還有很多人對所做的每一件事都感到十分自豪，並且力求做到最好。部分人則會根據勞動市場的狀況，努力工作以避免失業。

有些團隊成員會將對家庭的情感融入工作態度，但這通常與上文提到的一項動機有關，亦即多賺點錢。他們希望能充裕地供給家庭，而這需要更多花費。

你可以讓下屬更容易激發自我驅策的動力，方法在於提供清晰目標，這一點在第九章裡已有詳細著墨。一旦他們清楚了解需要完成的工作是什麼，並且在你設定的範圍內，允許他們按照自己的方式執行時，他們通常會更投入。

集體貢獻有其魅力

不論我們是否察覺，大多數人都會因有機會為宏大目標貢獻心力而受到激勵。你最開心的回憶很可能就是和他人一起合作，實現自己無法單獨完成的任務。

想一想舊日的建築穀倉活動，社區中的許多成員花費數天時間，聯手為鄰居建造一座穀倉。重點在於，他們一起合作，做好無法單獨完成，或者至少無法在同樣時間內完成的事。你的類似經歷可能包括：和別人一起為某個急需幫助的家庭募款、組織一個開發新應用程式或軟體的團隊、推動新產品的研發、擔任需要與他人高度協作的軍職，或是加入每位成員都能充分發揮實力並締造佳績的體育隊伍。

如果你能創造一個環境，讓員工看到一己的付出能帶來遠超過個人努力所締造的成果，他們便會更有動力，並且能從自己所做的事情中找到更深刻的意義。

主管角色

學會如何盡量提升員工表現，是你日常職務中至關重要並且需長期用心的環節。你常會面臨不同程度的員工流動，這會引進新的下屬。你要認識並了解他們。這裡必須特別強調你在這方面的責任。下屬希望你能理解，他們期待的是感受自身付出所締造的有意義成果，同時希望你把他們當作個體看待，而非視為生產工具。你對他們的真誠關心會在你的一舉一動中顯現出來。理解並且欣賞員工倒不意味你需扮演父母角色，也不代表你需在工作品質上讓步妥協。

關心並且理解員工是管理力量的展現，而非弱點。一般人口中那種強硬而專制的主管短期內可能取得滿意成績，但從長遠來看，這種策略將對自己不利。屬下大多出於懼怕才做出主管想看到的表現，但是同時也傾向於只完成最低限度的工作。許多主管認為，如果自己行事公平、關心並且理解員工，那麼當情況需要時，就無法展現權威。事實正好相反。這樣的關心實際上會讓你展現權威時更有效率，因為你並不常動用權威。

有個領域特別需要用技巧和圓融手腕來處理。記住，有些員工可能是出於養家糊口的動機自我鞭策。對於這類員工，有些人會樂意回應你對其家庭的關心，但也有些人會將你的詢問視為侵犯隱私。那麼，主管應該如何處理這些分歧的立場呢？如果某位下屬自願透露有關家庭的訊息，你可以進一步詢問情況。透過談話，你會了解其配偶、兒女以及興趣嗜好等。對於這類員工，你不妨問一些問題，例如：「昨晚傑夫的球隊在少棒聯盟的比賽中表現如何？」這正是嘗試了解下屬的好例子，說明了如何在獲得員工同意的情況下認識他們。這也符合一個重要觀念：鼓舞每個人的事物並不相同。

另一方面，如果你的下屬從不主動提及自己的私生活，那就順其自然，尊重對方顯然想保護隱私的偏好。說到了解員工，主管往往花費更多時間在新員工身上，而忽視那些長期表現出色的資深員工。當然，幫助新員工快速融入團隊很重要，但絕不能對表現傑出的員工視而不見。這些優秀員工必須知道，自己高水準的表現得到重視以及讚賞。

鳩尾榫

如果你熟悉木工，應該知道什麼是鳩尾榫（dovetail）。這是一種最牢固的榫接技術，常施作於抽屜的拐角處。接合部的卯榫相互嵌合，越往裡面越寬，類似於鴿子的尾巴形狀。利用這種工藝，兩塊木材就能可靠地結合在一起。

在管理領域中，也有一種運用類似方法的好技巧，也就是將兩個不同的元素結合在一起，創造出強而有力的連結。這兩個元素就是團隊成員的個人抱負與組織的需求。一旦你能對接團隊成員的職業和個人目標與組織的需求，你就擁有一位投入且敬業的下屬。

鳩尾榫包含兩個簡單步驟。首先，了解你的團隊成員，讓他們告訴你自己的職涯目標與個人興趣，但過程不能操之過急。詢問這類問題之前，你要先與員工建立健全且值得信任的關係。許多時候，你可以做個善於傾聽的人，先從對方的言談中捕捉到這些訊息。隨著關係加深，他們往往會主動告訴你一些與工作無關的活動。必須認真關注他們所分享的內容。

討論這類問題，不妨這樣開場：「你的職涯目標是什麼？你希望三年後自己在做什麼？」大多數員工會因為你的關注而感到高興。為讓他們更加放心，你應該坦誠說明提問的原因。告訴他們，你一直在尋找方法，試著將團隊成員的興趣以及抱負與組織的需求結合。

第二步則是留意能將員工的個人抱負與組織預計完成的目標相結合的機會。這個概念可以參考圖21-1的說明。

舉例來說，假設你得知某位下屬正在學習說寫西班牙語。過了幾週，在一次由你上司所主持的員工會議中，對方提到公司快要與一家中美洲企業正式建立策略聯盟。這是個完美的機會！也許有辦法讓該名下屬參與

圖 21-1

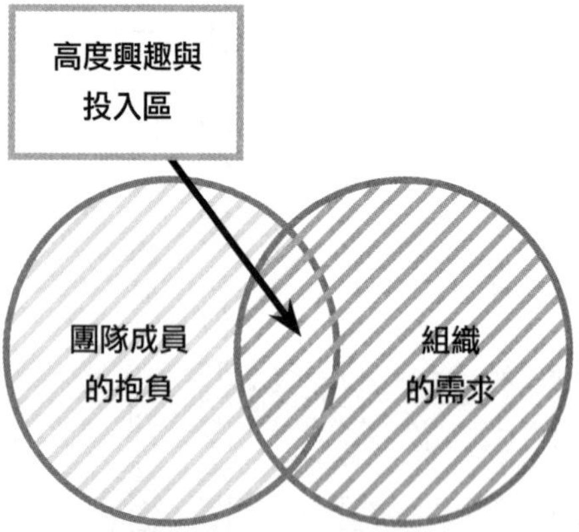

鳩尾榫：將團隊成員的職涯以及個人目標與組織的需求對接

這項計畫，如此一來，主雇雙方均能受益。這名員工可以藉此精進並且應用他的西班牙語能力，公司也能更加有效地與策略夥伴溝通，而你也能參與一個令人振奮的新計畫。

再舉一個例子，假設你負責行銷的業務，而你的一名團隊成員專門負責收集和分析市場數據。她告訴你，希望自己有朝一日能轉到資訊技術的部門工作。所以當你的部門需要與資訊技術部門進行員工層級的互動時，該名員工顯然是最佳的人選。她對終於能接觸到自己感興趣的領域倍感振奮，而你則得到一名特別投入的員工。你最終會不會因她調任資訊技術部門而失去她？很可能會。但是話說回來，反正對方離開你的部門只是遲早的事。不過在此之前，你就擁有一名參與度高且充滿熱情的團隊成員。

你越能運用鳩尾榫的策略，團隊投入程度就會越高。你同時在履行身為主管和領導人物的一項主要職責：培養你的下屬。

職稱的重要性

許多組織低估了職稱的價值。

職稱對公司來說並不產生直接成本，只要能在組織內保持公平性，應該從寬運用。然而，如果某部門十分大方使用職稱，而另一個部門卻非常保守，這樣的差異會造成問題。

銀行業是從寬使用職稱的典型例子。雖然其他行業的一些主管對此不以為然，但我認為銀行業非常清楚自己所為何求。銀行客戶若是與「消費性貸款副總」接洽，會感到比與「放款專員」打交道更滿意。「消費性貸款副總」的配偶也會比「放款專員」的配偶更加支持這間銀行。此外，銀行在社區中的地位也因從寬使用職稱而提升。

在這種情況下，「消費性貸款副總」可能與「放款專員」的職責相同，但誰的自我形象更正面、內在動力更強？答案不言而喻。

隨著你在公司內部逐步晉升，可能會有機會影響公司使用職稱的政策。職稱運用講究有序，不應授予一般新進的辦事員過於浮誇的頭銜。職稱應做為認可卓越表現的工具。

精明運用職稱可以顯著提高公司士氣。職稱能極有效地增強員工的自尊心與受重視的感覺。如果公司實行薪資凍漲，不妨考慮授予某位核心員工一個新的職稱。他的正面反應可能讓你感到驚訝。如果你想給他加薪但因凍漲政策無法遂願，那就明確向他坦承，雖然你明白新職稱不能代替加薪，但目前這是你唯一能做主的。對方已經知道加薪無望，然而新職稱能表示你對其工作的肯定。

主管都希望公司少不了自己，然而下屬何嘗不是如此？幫助他們體驗這種感覺，這樣對你大有助益。

地位象徵

地位象徵是另一個與激勵策略有關的問題。顯然，地位象徵有其功效，否則商業界也不會如此廣泛加以運用。

「高階人員專用洗手間的鑰匙」，這幾乎已成為笑話，但仍不失為一項有用的額外待遇。辦公室或是工作空間的大小、家具品質、專屬停車位、公司付錢的俱樂部會籍、給高階人員用的汽車、企業專機，地位象徵名目繁多，均可視為驅策人們提高抱負的辦法。

這些事物本身並不重要，但可表明員工已被認定達到組織中的某個層級。這些事物象徵地位，它們對於還沒有緣享受的人來說，比對於已有緣享受的人而言更為重要。老話說得好：「說錢不重要的人，往往錢最多。」象徵地位的事物亦復如此。

公司不應過於關注地位象徵，但若提供這些東西給員工，就不應該批評他們汲汲營營追求這些代表人上人的事物。事實上，對大多數人而言，倒不是獲得這些象徵本身有多重要，而是它們在別人眼裡所代表的意義。如果沒有人知道你已經握有這些地位象徵，其中有許多也許就失去價值了。想爭取某些地位象徵是人之常情，但要緊的是保持健康的心態。請勿視其不可或缺，別因為沒能以自己盼望的速度達成目標就痛苦不堪。

你不能利用地位象徵來取代令下屬滿意的調薪機制或良善的管理方法。可惜的是，一些主管甚至一些公司卻持相反的看法。他們對待員工不好，給薪低於同行，然後認為可以利用地位象徵加以彌補。這種態度簡直在侮辱員工的智慧。

地位象徵只是錦上添花，但非根本。如果能夠精心運用並且理解人性，地位象徵倒可以成為一件寶貴的管理工具。

成就感的需求

有些員工追求成就感，這通常是因為他們在安全感、薪資、工作條件、地位和獎勵等的基本需求已獲滿足。這類員工通常希望參與決策，進一步提升自己的技術和才能，接受新計畫和任務的挑戰，並得以在組織中進一步發展。如果你能滿足這些需求，將不僅擁有一位自我鞭策的員工，還能掌握一位高效能的工作夥伴。

動機是主觀的

許多新手主管充滿幹勁，這樣很好，不過他們常犯一個錯誤，認為員工努力的動機與自己的努力動機是同一回事。事實上通常並不是這樣。務必記住，你的下屬受激勵的原因可能全然不同。這倒不是問題，但千萬不要將你自己的信念或價值觀強加於人。此外，自我鞭策的動機也會隨時間改變。例如，今天你可能因追求成就感而努力，但下個月買了房子，面對高額的房貸時，你的主要動力可能變成穩定的工作以及理想的薪資。因此，不要假設你了解團隊成員的動機，應該深入了解並採取相應的行動。

第二十二章

了解風險傾向

已經有人針對個人與組織的風險傾向進行研究，讓我們對這個主題有了更深入的了解。這項研究提供一種方法，量化自己的風險傾向，並計算出自己的風險指數（risk quotient，簡稱RQ）。這些研究結果收錄在拙著《風險的力量——智慧選擇如何助你更加成功：循序漸進的指南》（*The Power of Risk—How Intelligent Choices Will Make You More Successful, A Step-by-Step Guide*）中。在本章中，你將學會如何計算自己的風險指數，不過且讓我們先來談談「風險傾向」（risk inclination）。

風險承擔，個人風格

一旦接受新的管理職位，就等於決定要承擔一些風險。最主要是，你從一個自己可能表現良好的角色，轉而迎上一個全新的挑戰，而誰也無法保證這個挑戰必然成功。這點表明，至少你在熟悉提供晉升機會的人與組織這個前提下，經過充分評估，你願意承擔一定程度的職涯風險。你究竟花了多少時間才決定是否接受這個新職？或許這已透露出一些有關承擔風險的風格。如果你很快就接受這一職位，那麼你可能比較大膽，或已知道這個機會即將來臨，因此有充足的時間提前評估利弊。如果你花相當長的時間考慮，則可能表明你承擔風險的風格偏謹慎。

確定風險指數

《風險的力量》提供一種風險評估工具，這是該書研究的一部分，參與這項測試的人數高達數百。這個方法非常簡單。若要確定你的風險指數，請根據以下的九個風險範疇為自己打分數，分數範圍從一分到十分，其中一分代表極其排斥風險，十分代表非常傾向承擔風險。你的評分不必是整數，比如四．六分或五．七分都可以，當然四分或六分也沒問題。

- **身體風險**：包括可能導致受傷的活動，例如騎摩托車、激流泛舟、攀岩或跳傘等。
- **職涯風險**：比如更換工作、承擔新責任或追求晉升的風險。
- **財務風險**：包括投資、借款或放貸時的風險承受能力。
- **社交風險**：例如主動向陌生人介紹自己，或者踏入陌生的社交場合，就算會有身陷尷尬的風險也在所不惜。
- **智識風險**：比如學習困難課題、吸收挑戰自己既有信念的資訊或閱讀需費勁思考的書籍。
- **創意風險**：例如嘗試繪畫、寫作等的挑戰或實踐與眾不同的設計構想。
- **關係風險**：例如即使無法確定結果，依然主動開展新關係、花時間與人相處，或者對某段關係作出正式的承諾。
- **情感風險**：是否願意在感情上放下防備，承擔受傷害的風險。
- **精神風險**：是否願意相信一些可能無法證明為真或無法完全理解的概念。

最後，將這九個範疇的分數相加，然後除以九，得出的平均值就是你的風險指數。

如何與別人的風險指數比較？

現在你已經知道自己的風險指數了，但可能還不清楚那具體代表什麼。研究顯示，在一項有三百多人參加的測試中，風險指數的平均值為六．五。男性的平均值稍高，為六．七；女性則為六．三。將你的風險指數與這些數據比較，可以幫助你了解自己在風險傾向上與他人的差異。這層認識能讓你在與他人互動時更加得心應手。如果風險指數遠高於六．五的平均值，你要了解，自己看待世界的方式與大多數人不同。你對於風險和不確定性比較自在，這雖是寶貴的特質，但可能讓害怕風險的人感到不安。知道這一點很重要。

另一方面，如果你的風險指數遠低於六．五的平均值，你也有不同於大多數人的視角。你可能比其他人更謹慎、更懂得深思熟慮。你需要更充分的理由或更詳細的說明，否則不會輕易做出決定，也可能覺得行動派的人過於草率。

團隊成員風險指數

你可能希望團隊成員也測試一下自己的風險指數，把這當作一項增進自我認識的有趣活動。如果他們願意，不妨與同事分享自己的風險指數。這樣的活動有多種好處。首先，它突顯風險傾向是構成每個人性格的重要元素。同時，成員能更清楚理解，為何在面對某些情境時彼此會有不同的看法。

認識風險傾向之後，如何加以運用？

了解團隊成員的風險傾向可以幫助你在多個方面成為更出色的主管。在分派任務時，可以將人選的風險傾向因素納入考量。如果任務需要大量的分析工作和數據收集，選擇風險傾向較低的成員可能更合適。如果任務需要緊迫的時間安排以求快速推進，選擇風險傾向較高的成員可能更恰當。關鍵點是，在分派任務以及組建專案團隊和部門時，隨時想起每位成員的風險傾向，這將大大提升你的管理效率和團隊成績。

團體的社會化

社會學中有一個重要概念可以幫助主管更有效率地完成任務。這個概念是「團體的社會化」（group socialization），也就是說，當一個團體、團隊、部門或公司內的某種特質（例如風險傾向）高於或低於平均水準時，這種特質會被放大。換句話說，如果你成立一個由風險傾向高於平均水準的人組成的專案團隊，這個團隊的整體風險傾向將高於每個成員個人別的風險傾向。這是因為他們會彼此激勵，進一步放大這種特質。如果這個團隊的職務要求他們非常大膽和積極，那麼這種放大效果可能正是你需要的。

同樣，如果你成立了一個由風險傾向低於平均水準的人組成的專案團隊，這個團隊的整體風險傾向將低於每個成員個別的風險傾向，而這可能正符合團隊所面臨挑戰的需求。

「團體社會化」還告訴我們，如果在團隊或部門中安排一些風險傾向高於平均值的人，再搭配一些低於平均值的人，他們之間自然會產生互相制衡的效果。可避免團隊整體風險傾向過高或過低的放大現象。這種安排可能正是你需要的，特別是如果你希望團隊既能細心且有條理應對任務，又不至於陷入過度分析、拖慢進度，或在決策和建議上過於猶豫的話。事實上，刻意安排風險傾向高於平均和低於平均的人一起工作，可能營造出一種健康的緊張氣氛，讓團隊在互相制衡的基礎上達成最理想的任務表現。

風險指數改變

務必注意，風險指數是會改變的。成功、挫折以及個人或職涯中其他事件都會影響。舉例來說，你可能觀察到，某人在人生中間階段變得更願意接受風險，尤其是在孩子長大成人且不再依賴他之後。這時，人們常常會重新規劃自己的職涯路徑。因此，不要假設一年後風險指數仍然不變。這指數可能上升、下降，或者保持不變。

覺知風險傾向

你可能已經在心裡對團隊成員的特質和能力做過一番評估。如果有人問到，你甚至可以大致估算出每位成員的風險指數，而且這些估算很可能與他們透過測試所得出的結果相差無幾。這種意識提升對你這位主管來說助益不淺。

但在運用時要記住，沒有所謂理想或標準的風險傾向水準。風險傾向較低的人在評估機會時可能趨向謹慎，能補充那些較愛冒險者的不足。前者通常更加小心、細膩，對於需承擔的風險，可能要求參考更多的研究和數據。雖然快手快腳的行動派可能覺得這樣不免令人沮喪，但謹慎的成員正是藉由這些要求為團隊做出重要貢獻。另一方面，風險傾向較高的人通常偏好說做就做，這在專案推動的起步階段尤為重要。管理的目標不在改變團隊成員的風險傾向，而是加以了解，進而更高效地激勵他們並充分發揮他們的才能。

假設你以前從未考慮過團隊成員的風險傾向，可能誤以為他們的傾向都差不多。然而，現在讓我們設想，臨時派兩位團隊成員出差到外地去開創新業務，且兩位成員的風險傾向一高一低。對較能接受風險的成員而言，這個機會可能令他無比興奮。他可能立刻聯想到認識新環境、結交新朋友、品嚐當地美食、參加文化活動，甚至探索新的休閒方式等等令人期待的事；較不偏好冒險的人，可能想到住在外地的種種麻煩，比如對當地不熟悉、需要找新的服務供應商、不知道該避開哪些街區以及其他種種問題。不言而喻，團隊不同成員間的熱忱程度可能落差很大。如果不考慮個人風險指數，這種情況可能讓人困惑。雖然你也許能說服兩位成員接受臨時任務，但要根據他們的風險傾向採取不同的溝通方式。

說服以及溝通應該考慮風險意識

在與人溝通、激勵他人時，記得考慮風險傾向。同時，當你與組織中的其他成員合作時，了解個人風險傾向也是同等重要。想一想你組織中各位高階主管的風險傾向，試著用一分到十分來為他們打分數，一分代表極度害怕風險，十分代表非常樂於承受風險。這樣的評估能讓你明白，應該如何向他們推銷你的想法。對於風險傾向較低的主管，你要向他們解釋可採取哪些措施來降低相關風險。反之，對那些比較偏好風險的主管，應該著重說明你的想法能帶來什麼機會。如果你花太多時間向偏好風險的主管解釋那些用來安撫厭惡風險之主管的措施，可能無法引起他們的興趣。

因此，了解自己的風險傾向、他人的風險傾向以及彼此間的差異，這是十分有用的。

培養自己的洞察力

需要注意的是，你無法準確知道某個人的風險傾向，除非他已完成相關測試並且樂意與你分享結果。不過，你仍應該大致了解他們的傾向，但不要做出過於武斷的假設，因為這樣可能招致風險。一些試探性的問題可以幫助你釐清自己的判斷，例如你可以問：「如果我向你介紹一個新的機會，你會最看重哪些資訊？目前我倒沒有具體的計畫，只是想提前了解，以備未來需要時用得上。」

這樣的問題完全坦誠，並不帶有任何欺瞞意圖。你只是希望更了解同事，以便與對方進行更高效的合作。深入了解別人的風險傾向，是一種享受。這種洞察力是一件強大的工具，能幫助你變得更加成功。

第二十三章

鼓勵創新以及主動

商界節奏不斷加快，這是科技進步使然，而國內與國際的激烈競爭則令其成為必要。令人驚訝的是，僅不久前，電子郵件、手機、簡訊、視訊會議，甚至隔日到貨等工具都還未問世。如今，這些工具只是商業運作速度加快的其中幾個例子。公司必須學會如何有效應對外國競爭者的挑戰，這不過是過去幾十年來的事。

以往所有組織都採用層級較多、運作較為緩慢的管理結構和方法，一切都運行得相當順利。然而，科技與通訊工具的進步實現更快速的決策過程，舊日方法已不得不加以更新。你在管理職涯中不斷前行時，必然發現決策速度與行動效率會繼續加快。為了跟上這種加速腳步，調整你的領導風格非常重要。

依賴集中決策的結構和文化已經無法持續。為應對日益加快的商界節奏，良好決策必須在較低層級中做成。你的組織不得不具備靈活的應變能力。簡單來說，如果你打造的結構需要由你一人做出所有決策，那麼你和你的團隊將無法取得成功。

應對錯誤的決策或行動

如果你為組織建立了清晰的目標，這將提升團隊成員決策的品質。不過即便如此，他們是否總能做出符合你理想的決策？倒不一定。他們是否有時會做出較差的決策？沒錯。他們是否也會做出超越你期望的更好決策？同樣沒錯。

這裡有個問題：假設你正搭乘的飛機沒有 Wi-Fi、度假期間搭船要去潛水，或者正與客戶開會無法分神。具體情境並不重要，重點是你當下無法抽空提供協助。進一步講，假設你並非沒有空，但有位團隊成員按照你的鼓勵自主行動。他根據當時掌握的資訊做出了一個看似不錯的決定，但不久後情況改變，結果證明有誤。不僅如此，這個錯誤決定代價高昂，還有可能損害你的聲譽。你該如何應對？

你會將這位下屬叫進辦公室，告訴他犯了大錯嗎？你會暗示對方根本不該擅作主張做出那個決定？你會要求他下次遇到類似情況一定要先來請示你嗎？

如果這是你的反應，他下次再遇到必須自主行動的機會時，會有什麼作為？幾乎可以確定，對方不會再積極採取行動或自行下決定了。這真是你想要的結果嗎？你希望從今以後打消他自主行動的意願嗎？

如果你的反應是責罵、批評或指責，其實是在削弱自己之前的努力。你對團隊一切鼓勵，要求他們積極主動、靈活應對、像企業家那樣思考並展現創業精神，都將因此付諸東流。不僅對做出錯誤決策的下屬如此，其他團隊成員也會因此猶豫是否要自主採取行動。

這種犯錯情況難以避免，不過一旦發生，你一定要克制情緒，從長遠角度來看待問題。為了繼續鼓勵團隊自主行動，並且推動分散式決策的落實，以求團隊更加靈活高效，你應採取以下步驟：

1. 與相關團隊成員一起檢視情況。
2. 不要採取批評態度。
3. 強調你的目的是確保大家能從經驗中學習，以避免錯誤再次發生。
4. 引導對話，探討下一次可以採取哪些不同的辦法以取得更好的結果。

明確表示，儘管團隊成員不能再次犯下相同錯誤，但是你仍然感謝他們的主動態度，同時鼓勵他們保持下去。遵循以上步驟，你能明確傳達自己對授權團隊的重視。如果你能克制自己在得知結果不理想時發脾氣，將會更有助益。

此外，向你上司解釋這個情況也是明智之舉，以便讓對方了解錯誤結果背後的全貌。強調這名團隊成員已按要求行事，而該事件也為團隊帶來了寶貴的學習機會。雖然成績並不理想，但這是由罕見的情況所導致，同時也是協助團隊成員成長的一部分。

推動創新

除了需要靈活應變以及迅速行動的能力外，激烈的競爭還要求組織具備創新能力，例如開發新產品、服務或方法，以提高公司成功的機率。創新有時可能立竿見影，例如推出智慧喇叭或是自動駕駛汽車等新產品。這些確屬創新，不過只是例外情況。大多數的創新則比較漸進和細微。每當你找到更好的方式完成某件事時，你就是在創新。

從本質上看，創新之所以重要，是因為很少有組織能在原地踏步的情況下維持運作，更別提成功了。回顧過去五年，你公司的方法、服務和產品項目發生了哪些改變？這些改變都是創新，對於保持或提升公司競爭力是不可或缺的。

創新招致風險。風險的定義包括結果的不確定性。換句話說，如果結果是明確的，那就不叫風險。所以，既然你明白團隊成員的點子不可能全部成功，該如何鼓勵他們創新？

答案：對於努力及其成果一律給予獎勵。如果你只獎勵好的結果，那麼你很難讓團隊努力去做任何創新。當結果令人失望時，你應採取類似處理決策或行動失誤的步驟：

1. 與相關團隊成員一起檢討該次創新嘗試的背景和情況。
2. 不要批評。
3. 說明你的目標在於讓每個人從經驗中學習，以便下一次能得到更好的結果。
4. 引導討論，話題聚焦在「下一次該怎麼做才能取得更理想的結果？」
5. 明確表示，儘管當次努力結果不如預期，但你仍然感謝他們願意嘗試創新並且發揮創意，同時希望他們繼續保持這種精神。

為何要強調處理失敗結果的方法？因為處理理想的結果很簡單。所有相關人員都會收到祝賀以及獎勵。然而，你如何應對負面或不理想的結果，將決定團隊是不是能形成鼓勵創新的氛圍。

獎勵「主動作為」以及獎勵「成果」同等重要

無論採取何種激勵措施，下屬都會朝著受敦促的方向努力。問問任何一位銷售主管，當你對某產品支付額外佣金時會產生什麼效果？銷售團隊必定賣出更多該項產品。創新也按同樣道理運作。問題在於，創新過程本質上充滿不確定因素。如果你只獎勵達標成果，你的團隊因為擔心失敗，最終將減少主動的態度。

解決方案在於設置一套獎勵以及表彰機制，不問結果成敗，只對創新嘗試給予認可。這聽起來可能有點奇怪，甚至讓人不安。畢竟，商界的核心理念不就是獎勵贏家。即便如此，仍應該建立一種促進創新的文化，並採取一種不同的、甚至是反直觀的方法。對於那些雖然未達期望結果，但是擘劃周詳且執行到位的努力付出，你必須給予認可和獎勵，一如你對待成功創新的案例那樣。

如果這個建議讓你感到不安，就請想想如下這個情況：某人或某團隊因走運而成功，而實際上表現更出色的另一個人或團隊卻因超出他們掌控的因素（例如市場條件的變化或競爭環境的影響）而功敗垂成？幾乎可以肯定，你會想到一些例子。你是否察覺到，如果只獎勵這次成功的人或團隊，會對下次的創新行動產生多大的阻礙？這確實會發生。

在實際操作中，這意味著，對於構思完善而且執行妥當但未能達標的努力，你必須在績效評估、獎金、獎勵和表揚上給予同等對待。如果要你推出一個創新獎勵方案，你應該設置兩個不同的獎項：對於成功的人或團隊，可以頒發「創新者獎」。對於構思完善且執行到位但未完全成功的人或團隊，可以頒發「奮進者獎」

這不代表你也該等同對待那些構思欠佳或者執行不力的案例。如果一項計畫因為不良的決策或表現導致失敗，就該視為失敗處理。然而那些由於大部分無法控制的因素（例如資金在計畫執行中途被取消或突如其來的外部變化）而失敗的創新以及自主行動，應該獲得與達標成果同等的認可。

此舉是否會讓那些成功團隊的人感到不滿，因為自己竟與不那麼成功的團隊平起平坐？可能會。萬一這種情況發生，只需提醒他們，下一次他們也可能遭遇自身無法掌控的原因而失利。

如果你要鼓勵自主行動性以及創新思維，就需明確傳遞如下訊息：就算努力付出並不總能帶來理想結果，你仍十分重視。如果你做好這點，將會發現實現的進步遠多於挫折，團隊工作也會更有樂趣，成員也更投入其中。

第二十四章

改善成果

身為主管，你的一項重要責任便是找到更好的方法做事，以求更快、更便宜、更有效率。而且，成功次數必須比不成功的次數更多。這代表你必須時刻關注改進的機會，也意味你應具備良好的執行力。

用射擊來比喻，如果你在瞄準前就開槍，或瞄準太久卻遲遲不扣扳機，就不可能成功。你必須瞄準好，接著開槍。假設你在扣動扳機之後，還能微調彈道，那麼擊中目標的機會便能提昇。這就是聰明的風險管控。

聰明管控風險

風險可能導致不好結果，因此通常聽起來不討喜。但風險管控做得到不到位差異是很大的。既然目標在於盡可能成功，那麼你必須聰明管控風險。這也是《風險的力量》這本書的一個主題。

風險代表一切結果不確定的行為，你工作中大部分的事都涉及風險。訣竅在於拿出智慧管控風險，將各種要素（嘗試、行動、想法、過程）有效引導到產出成功的結果。聰明管控風險的目標在於提高產出正面結果同時減少產出負面結果的機率。其中包括六個步驟：

1. 識別風險。
2. 評估可能結果。
3. 提高成功機率。
4. 重新評估可能結果。
5. 預做最壞打算。
6. 做成決策並加執行。

識別風險

聽起來很簡單，卻是關鍵一步。在你深思熟慮、決定採取什麼行動之前，必須清楚確定所承擔的風險。需先將其寫下，盡量簡明扼要。

風險識別的一個佳例是：「投入二十五萬美元拓展國際銷售，目標是十八個月內成長四〇%，包括雇用或是調來兩名員工。」壞例則是：「拓展國際銷售。」

兩者區別在於，好的例子能更清楚說明考慮中的行動會冒什麼風險以及行動目標何在。

另一個佳例是：「投資十八．五萬美元買一套自動化庫存管理系統，預計該系統將減少八%的損耗以及庫存損失。」相對的壞例是：「買進一套能減少庫存損失的庫存管理系統。」你不難看出關鍵：**要根據你現在掌握的訊息盡可能具體**。

評估可能結果

接著，確定可能的結果範圍以及每種結果產生的機會。除非你正在考慮的計畫非常昂貴或者牽涉面廣，否則這步不需過於複雜。識別最佳結果、中等結果以及最差結果，大多數情況下這該綽綽有餘了。

以增加國際銷售為例，你訂出的結果可能是這樣：

- **最佳結果**：國際銷售增加四〇%。
- **中等結果**：國際銷售增加二〇%。
- **最差結果**：國際銷售沒有增加。

現在，根據市場狀況、經濟活力、競爭、你認為的員工人選素質，以及任何其他你能考慮到的因素加以全面評估，然後為每個結果分配一個機率百分比。情況可能如下：

- **最佳結果**：國際銷售增加四〇%。該結果的機率為三〇%。
- **中等結果**：國際銷售增加二〇%。該結果的機率為五〇%。
- **最壞結果**：國際銷售沒有增加。該結果的機率為二〇%。

如你所見，所有可能結果百分比總和是一〇〇%。你的機率總和也應為一〇〇%。

現在，讓我們看看你從這個過程中得到了什麼。你已經明確指出自己正在考慮的風險、嘗試、想法或計畫。這本身就很有價值，因為它幫你集中注意力，聚焦於你正在評估的事，不至於因其他未在評估範圍內的事而分心。你還確定了付出努力的可能結果與每個結果的預估機率。你這樣做就是在實行良好的思維訓練。就算沒有後續步驟，由於你在考慮和評估的過程中都步步為營，也已經從中獲取價值。

提高成功機率

這是聰明風險管理過程中最重要及最有價值的一環。提高成功概率最有效的方法在於找出何種措施為佳，且其核心在於開展「增強成功可能性的辦法」（possibility of success enhancement measures，簡稱ＰＯＳＥＭｓ）。該簡稱的發音與「北美負鼠」（opossums）一詞的唸法相同，而這種動物最拿手的本事就是讓你誤以為牠在睡覺，但其實並沒有。

ＰＯＳＥＭ係指任何能提高理想結果機率或降低不理想結果機率的行動，適用於你正在考慮的計畫。以下是一些ＰＯＳＥＭ的例子：

✍ **聘用具相關成功經驗的人才**：例如，找到在類似計畫中成功過的人才。最好是具備國際銷售經驗的高手，更理想的對象是熟悉你們公司產品或服務的人，甚至是曾有與相同外國市場接洽經驗的人。目標在於充分利用這些人過去累積的經驗。

投入市場研究：這能幫助你在評估各國市場的潛力與競爭狀況時更站得住腳，確保計畫更加可行。

與當地的經銷商或者供應商合作：藉由合作獲得當地的內情和人脈，這樣可以得心應手打入當地市場。

識別POSEM並加執行並非全新的概念。我們每天的工作幾乎都涉及風險，而主管所扮演的角色正是找出降低這些風險的方法。POSEM給予我們一個創造和發揮想像力的機會，讓你跳脫框架思考。

在提出POSEM時，先問自己：「如果……會怎樣呢？」，例如：

- 「如果我們擁有最頂尖的人才會怎樣呢？」
- 「如果我們具備獨特的市場洞察力會怎樣呢？」
- 「如果我們能發展出一個競爭對手無法企及的優勢會怎樣呢？」

接著，思考如何實現這些可能性。

許多POSEM要求先行研究。思考你在評估結果時做出的所有假設，然後斟酌哪些假設值得你進一步驗證。取得更完整的資訊將幫助你做出完善的決策。不要等到所有可能的問題都有解答後才做決定，畢竟機會不等人。

重新評估可能結果

如果你已經找到一些強而有力的POSEM，並且計畫加以實踐，那麼它們將對可能結果產生正面影響。因此，需要重新審視每一種可能結果的機率。

舉例來說，假設你採用了前面列出的三個POSEM，它們對可能結果的影響如下：

- **最佳結果：**國際銷售成長四〇％。這一結果的機率從三〇％提高到五〇％。
- **中等結果：**國際銷售成長二〇％。這一結果的機率從五〇％下降到四〇％。
- **最壞結果：**國際銷售沒有成長。這一結果的機率從二〇％下降到一〇％。

可以看到，機率的總和仍然是一〇〇％。POSEM帶來了深遠的影響，令國際銷售達到目標成長的機會大大提高了。這就是聰明風險管理流程的威力所在。

預做最壞打算

在決定是否執行這項風險、投入這份努力、採取這個想法或者推動這個計畫之前，你必須做出最壞的打算，換句話說，就是反問自己能否接受最糟糕的結果。最壞的情況會是什麼？而這樣的結果是否可承受？

以我們剛才舉的例子來說，最壞的情況看起來是投入二十五萬美元，國際銷售卻絲毫沒有成長。問題是，這樣的結果是否會毀掉組織或你的職業生涯？如果答案是肯定的，那麼可能就不值得冒這個險。但是如果你可以接受，那麼就算結果會讓你非常失望，這個構想就已做出最壞打算了。現在，你已經準備好踏入聰明管理風險的最後一步。

做成決策並加以執行

你已經明確決定是否執行這項風險、投入這份努力、採取這個想法或者推動這個計畫，也找到了提升成功機率的方法。你將各種結果的可能性予以量化，並對想法做出最壞的打算。現在來到讓你或參與決策的人做出定奪的時候。在做決定之前，還有一件重要的事需要記住，必須持續尋找和落實更多的POSEM。我們一開始談聰明風險管理時，把決策過程比喻為在子彈射出後仍能修正彈道，令它精準朝著目標而去。而持續尋找和落實更多的POSEM便是幫助你做到這一點的法寶。如果你的創意足夠並且勤勉，你應該能不斷提升達成理想結果的機率。

現在，做出決策的時機已成熟。你可以選擇繼續推行，也可以就此打住。決定不再繼續也可能是最佳選擇。不論你最終的決定是什麼，都可以充滿信心，因為你已經做出非常充分且深思熟慮的判斷。這正是主管的職責所在。

第二十五章

代溝

新手主管可以是任何年齡層的人，也許二十多歲，也可能是三十、四十，甚至五十、六十歲。說到主管與下屬間的年齡差距，通常可歸納出三種情況：

1. 資深主管管理較年輕的員工。
2. 年輕主管管理較年長的員工。
3. 資深或年輕主管領導一個由不同年齡層組成的團隊，包括比自己年輕的、年長的以及同一代的員工。

如果是年輕主管領導年長下屬，有時會發生衝突。在某些情況下，資深員工被年輕主管領導可能感覺不是滋味。這種問題大多數也許與資深員工的態度以及年輕主管可能表現出來的衝動有關。因此，我們首先來探討年輕主管在管理以年長下屬為主的團隊時會遭遇的問題。

如果你是年輕主管，建議採取比你本能反應稍微緩和的行事風格。你一定要讓員工認為你比實際年齡更成熟。一旦你的行為給他們留下這樣的印象，時間久了，這種看法會公認為事實。慢慢來，改變別太快。不要急於表現權威，迅速做出一堆決定。許多年長員工會把快速決策解讀為衝動行事。

要明白，你可能會面臨雙重標準。同樣的行動，由年長主管來做，可能評為「果斷」，而由你來做可能就貼上「衝動」的標籤。這是你年輕即露鋒芒必須承擔的代價。大家看待年長主管的迅捷行動就說他決策果斷，但看待年輕主管同樣的行動卻會說他決策莽撞。你應該給大家一些時間，讓他們習慣你這位主管的角色。不要樹立障礙，然後來日再來拆除。

避免犯哪些錯？

新手主管常犯的一個錯誤是立刻進行改變，忽視循序漸進的原則，並充分行使新取得的權力。這種做法會讓所有人感到不安，尤其是那些資深員工。

對於每個你面臨的問題，不需要立刻都給出答案。如果不知道硬說知道那就錯了，且有經驗的員工可能會立刻看穿。萬一你無法回答，不妨這樣說：「你提的問題很好，但目前我還不知道答案，等我研究一下，回頭再告訴你。」這樣實話實說可以避免讓人覺得你是個「什麼都懂的小鬼」。在某些年長下屬的心中，甚至對某些還沒那麼年長的員工來說，他們認為你還沒活到無所不知的年紀。

要像所有優秀主管那樣，及早展現你對每位下屬福利的關心，並且持之以恆。身為主管，你還要具備推銷員的特質。你的職責在於說服員工相信：他們有你這位上司何其幸運。

年輕主管該用什麼策略？

不妨推遲一些合乎常理且易懂的管理決策，以便讓年長下屬對你的領導更感自在。或許你也知道自己幾乎可以立刻做出這些決策，但是才剛上任，情況如果允許，不妨偶爾延遲決定，以表現出你已經過深思熟慮。

例如，如果有年長下屬向你反映一個他認為很嚴重的問題，而你其實可以馬上解決，你不妨回答他：「讓我再想一想，明天早上再回覆你。」此舉顯示你很謹慎，知道全面考量事實，同時能打破「小大人、萬事通」的刻板印象。如此一來，你也表示了自己並不魯莽衝動，這正是大家抱怨年輕主管的一個問題。

或者，在同樣情況下，你也可以考慮問問對方：「你有什麼建議嗎？」或「你認為應該怎麼處理？」如果提出問題的人給你通情達理的印象，你可以試試這樣處理。但如果這個人的判斷力你還沒能確切評估，或者是個答非所問的人，那麼最好還是省掉這個方法。

世代各有各的洞見

每一個世代都有其特質。在多數職場中，你至少會與三個不同世代的同事共事：

1. 嬰兒潮世代（一九四六～一九六四年出生）

2. X世代（一九六五～一九七六年出生）

3. 千禧世代，也稱為Y世代（一九七七～一九九五年出生）。

了解每個世代常見的特質以及對其適用的激勵方式是很關鍵的。雖然廣泛的概括可能有例外，但了解這些世代常見的一些特性對你來說可能會有幫助。圖表25-1就是一些概述。

嬰兒潮世代：激勵這一世代需重視他們的專業能力，並以傳統的激勵方式相待，例如薪酬以及升遷。他們通常很具進取心並且唯目標是問，願意自主採取行動。一旦成功，他們喜歡不張揚的認可，追求與其地位相匹配的權限（因為他們認為這是再締佳績的必要條件）以及額外福利，例如專屬停車位和舒適的辦公室，這些都能提升他們的滿意度。

X世代：這一世代同樣雄心不減，但更喜歡自主。他們非常重視彈性、能否獨立完成工作、能否不要亦步亦趨管理他們。他們重視專業技能提升，因此會看重訓練和學費補助。激勵他

圖 25-1　各世代特質概述

	出生年份	特徵	動機來源	重視	獎勵以及回報
千禧世代（即Y世代）	1977–1995年	樂觀、能夠同時處理多項任務、期待彈性	受人肯定、感覺有所進步、意見受人重視、自己所服膺的使命	喜愛工作，獲得充分資訊，與高層互動	薪酬福利、私人時間、彈性
X世代	1965–1976年	企圖心強、偏好自主	分紅、股票	彈性、自主工作、自我提升改善、經常公開獲得表揚	薪酬、彈性、遠距工作、職訓學費補助
嬰兒潮世代	1946–1964年	雄心勃勃、目標導向、在工作中尋找身分認同	薪酬、升遷、認可、退休基金	專業知識獲得認可以及高度評價、職銜	薪酬、上級偶爾回饋、權威、福利

們的要素包括理想的薪酬、彈性的工作時間以及在家遠距工作的機會。

千禧世代：這一世代樂觀、非常精通科技，並且期待彈性行事。重視他們的貢獻和意見，這就是激勵他們的最大動力。他們的理想主義表現在渴望不斷進步、希望參與有意義的事情，以及喜歡自己所做的工作上。由於他們成長於溝通技術無遠弗屆的時代，所以非常重視資訊透明、經常獲得回饋以及與高層領導者的互動。像X世代一樣，他們認為彈性十分重要。

你會發現，千禧世代和X世代都希望在工作方式和時間運用上享有更大的自由度。他們的態度可能是：「告訴我需要做什麼，然後讓我自己去做。」如果過度管控他們，可能引起負面反應。你還會發現，這些世代的下屬通常比起年長的團隊同事更重視自己的私人時間。要求他們犧牲私人時間、承擔更多責任以換取更高的薪資，他們可能也不太感興趣。

主管擔任導師

績效高的員工幾乎都渴望在專業上成長，這可能包括擴展技能、升遷或是兩者兼具。

將自己定位為一名導師，有助於保持這些高績效員工的積極性。他們越覺得你能幫助實現自己的專業目標，就越投入工作。

身為導師意味在領導員工時，要考慮他們的專業成長，並且盡力在不違背組織需求的前提下促進這種成長。如果你在組織中擁有能幫助他人成長與進步的口碑，你將永遠不必為內部徵才發愁。有抱負的人會主動找上你。

雖然看重導師關係的不僅是年輕員工，但他們更傾向於珍視其中的活力互動。一些年輕員工從小抗拒直接權威，對「聽話照做」的指令不太買帳。與其直接下達指令，不如採用導師的模式互動，以不同的方法達成同樣的效果。如果讓他們了解到你的指導與建議能幫助他們成長，同時有利組織實現目標，你將能以一種適合雙方的方式來管理他們。

你可能會想：「為什麼我要用不同的方法對待年輕員工？他們應該接受現實並且適應社會規則才是。」或許你能暫時採取這種態度，但這樣做無異於反其道而行。首先，這種態度對你不利。因為若想成為一名高效主管，就必須明白單一的領導風格並不適合所有人。高效主管知道，需要根據每一位員工的特點調整管理方式，才能激發最佳表現。這就像出色的運動教練，會用不同的技巧來指導不同選手。其次，隨著越來越多年輕員工進入職場，如果你不懂得調整自己的領導風格來帶領對方，你將面臨被淘汰的風險。

擔任導師時，要注意別將這個角色誤解為「好朋友」。與你領導的員工建立積極的關係固然重要，但你並不是他們的「哥倆好」。

另外一些見解

初接主管職時，回顧直屬部下過去的績效評估可能有一定好處，但請記得保持開放心態。這些評估可能大致正確，但我們都知道，有些主管對某些下屬有盲點。我們也聽過這樣的例子：有位主管接手帶領一個據稱是了無創意的員工，但透過不同的管理方式，卻從對方身上挖出一些不錯的點子。因此，不要過早放棄某人；你可能會發現自己有能力與他們建立連結。

第二十六章

管理遠距員工

你的團隊中可能有些成員在遠距辦公，其他人則可能偶爾或定期在遠距工作。果真如此，你該妥善管理這類狀況。

員工遠距工作有其正當理由。降低人力成本可能是公司的一大誘因，還有可能是為了讓員工更加接近客戶或供應商。時區也是一個影響因素。有些資訊科技部門故意將團隊分布在世界各地，以便更理想地實現全天候的支援。

遠距工作的利弊一直是大家爭議的焦點。一些知名公司決定取消遠距或居家工作的辦法。但如果你的組織允許這種工作方式，你需要有效管理這些遠距工作的團隊成員。

遠距員工

你應盡可能像對待辦公室員工那樣對待遠距的團隊成員。你必須讓他們容易聯絡到你，而且與他們的溝通頻率不低於同一辦公室裡的員工。利用一切可掌握的溝通工具，包括電子郵件、簡訊、電話和視訊，並優先使用視訊。視訊通話或視訊會議能提供比其他方式更完善的溝通效果。

你應該像對待辦公室員工那樣，與遠距員工每週定期一對一開會。也要促成機會與他們面對面交流，到他們的工作地點拜訪或是邀請他們回公司都可以。根據距離遠近，建議至少每年親自拜訪一次，並讓他們每年至少返回公司一次。這樣的面對面互動不僅有助於加深彼此的了解，也能促進他們與團隊其他成員的聯繫。

期望

你應該白紙黑字，清楚列出對於遠距員工的期望，讓他們明白自己需要完成的工作和要求。可以包括：

- 工作目標
- 匯報方式以及頻率
- 雙方可聯絡的時間
- 回應速度
- 每週工作時數

第三十六章會與你分享有效的授權方式，這些方式同樣適用於遠距員工。有效管理遠距員工的關鍵在於完全了解結果以及時程，也就是對方需要交付什麼以及何時交付。

管理員工居家上班

說到完全居家辦公的員工，管理方法應與對待遠距辦公的員工類似。至於每週有幾天在家工作的員工相對容易管理，因為他們仍會定期進辦公室，這確保了更多面對面溝通的機會，可以提升管理效果。

如果你有下屬居家辦公，同樣需要書面約定，例如可聯絡的時間、回應速度以及工作時數等等。最重要的是，要讓他們清楚認識工作目標以及時間安排，並確保對方了解自己的職責所在以及須達成的結果。

第二十七章

職場上的社群媒體

如Facebook、LinkedIn、Twitter（編按：現已改名X）和Instagram等社群媒體已經成為日常生活的一部分。你的團隊成員很可能活躍於其中一個或多個平台。身為主管，你需要主動關切他們在工作場所使用之社群媒體的影響。

社群媒體的使用與工作相關的地方至少有四個，分別是：

1. 官方使用：代表公司對外發表的官方聲明，通常透過社群媒體平台進行。
2. 工作上的專業使用：將社群媒體做為實現公司使命的一項工具來使用。例如，執行研究、招募員工以及推廣公司的產品或服務。
3. 工作上的個人使用：員工在辦公時間利用公司設備登入個人的社群媒體帳戶。
4. 私人時間與私人設備上的個人使用：員工下班以後使用私人設備進行的社群媒體活動。

官方使用專門保留給負責公共關係、投資者關係、公共資訊等業務的員工。除非你的團隊負責這些領域，否則不會影響到你。

將社群媒體應用於專業工作上，的確是不錯的工具。但如果你的下屬將社群媒體當作與業務相關的工具，你應該給出明確的書面指導方針，說明他們發出的貼文中哪些可以透露，哪些不可以透露。

在工作場合中使用個人社群媒體需要特別留意。如果忽視這一點，很容易造成麻煩。許多公司明確禁止員工在上班時間登入個人社群媒體，尤其是使用公司設備。這些政策通常也規定員工不可使用公司電子郵件地址註冊個人社群媒體帳號。這樣的政策背後常見的考量是擔心生產力下降以及潛在的法律責任。如果這是你公司的政策，必須清楚傳達給所有下屬。

一如處理任何其他職場的問題，你要處理不遵守政策的行為。追蹤員工的社群媒體帳號來監控他們是否違背政策，這一做法是在冒險。在如此採取行動之前，你一定要先向人力資源部門或法律部門徵詢意見。

你的立場或者公司政策可能對個人使用社群媒體的規定較為寬鬆，或許允許員工在休息時間利用個人設備登入個人社群媒體。此外，政策甚至可能更有彈性，允許員工在不影響工作效率的前提下，以合理的方式使用社群媒體。最重要的是，須將相關政策清晰且充分傳達給下屬。

員工利用私人時間以及個人設備使用社群媒體，一般不該涉及雇主。然而，一旦員工發布公司機密或獨家訊息，或發表批評公司同事的言論，情況就不同了。這些行為可能涉及潛在的法律責任和問題，應該在人力資源或法律部門的指導下非常謹慎地處理。

第四部

執行人事評價

你是否能有效處理人事管理中的行政事務，這將大大影響你成功的機率。

第二十八章

撰寫工作說明

不論以正式或非正式的方式落實，工作描述、績效評估和薪資管理是每間公司重要的管理工具與可貴的功能。然而，如果未能正確指導負責執行這些工作的人，讓他們熟悉其目的以及使用方法，這些工具可能會遭嚴重誤用。

我們要從概念層面討論這些功能。由於各行業間，甚至同一行業內的各公司採用的辦法大相徑庭，因此無法詳述具體細節（例如沿用上文那種表單）。即使公司沒有正式方案，也會執行這些功能，只不過有時可能執行得不夠完善。

非正式的操作較常見於由家族成員或一兩名高層掌控的小型公司。這些人也許認為自己的做法十分公平，而且所有員工都對待遇感到滿意。這或許有可能，但實際上機會渺茫。即使沒有正式制度，還是會有人負責決定哪些工作最重要（職位評估）、判斷員工表現如何（績效評估）以及每位員工應拿多少薪水（薪資管理）。所以，即使他的口頭禪是「公司就像幸福的大家庭，我這家長會根據公平原則做決定」，公司其實仍有一套制度，只不過摻雜這位「家長」個人的偏見罷了。

工作說明基本內容

大多數的公司備有工作說明，形式可能從十分隨意到架構嚴謹都有。工作說明主要描述某職位的業務範圍，詳細程度各有不同，且通常還包括層級關係。

有些公司自行撰寫工作說明，另一些則採用管理顧問公司設計的系統。這種系統會訓練公司部分人員學習如何撰寫工作說明，並教導另一些人如何為這些職位評分，進而對組織內職位的重要性、責任範圍、技能需求或其他標準進行排序。

工作說明通常包括以下幾項：工作的內容、所需的教育背景、勝任職位所需的經歷時長、職位的具體責任，以及所需之管理或監督的範圍。說明中還可能列出短期與長期目標，並詳細說明與相關人員的關係，例如某職位的員工須向誰匯報。工作說明通常還會提及某職位涉及的人際互動，例如須與公眾或政府機構打交道。

三層架構方法

採用「三層架構方法」撰寫工作說明對你幫助不小。這三個層次分別是：

1. 技能以及知識

2. 行為

3. 人際互動技巧

第一層列出某職位所需的技能與知識，明確說明工作內容。

第二層次以行為描述為基礎。這部分說明履行某職責時需要具備的行為要求，例如可能需要良好的執行力、創新能力或對高品質的堅持。

第三層是人際互動技巧，可能包括良好的傾聽能力、團隊合作能力或能接受他人的批評建議等。

許多職位說明僅描述工作的技術層面，也就是第一層的內容。然而，行為層面與人際互動層面的能力同樣重要。事實上，大多數資深主管都認為，從行為能力和人際互動能力觀察，更能預測一個人在工作上能否成功。因此，撰寫職位說明時，務必涵蓋這三個層面。

職位評分

有時，你可能需要為自己或下屬撰寫職位說明。一些公司允許員工自行描述，再由主管審核，有必要再修改即可。不過，職位說明最好由員工和主管協力完成，這樣雙方才能達成共識，明訂工作內容，日後也能減少可能出現的爭議。

通常，職位評分的工作係由接受過相關專門訓練的委員會負責執行，有時也由人力資源部門擔當。（因為每家公司的具體評分方法不同，這裡就不探討了）。評分後得到的分數通常用來決定該職位的薪資範圍。範圍一般從新手起算，直到具備豐富經驗的專業人員為止。假設某職位的薪資中數為一〇〇%，則該範圍的最低標準可能是中數的七五%或八〇%，而最高可能是中數的一二〇%至一二五%，目的在於表彰傑出的奉獻。

由於薪資範圍由評分決定，因此在許多人眼裡，評分變得至關重要。這導致一些人可能傾向於在職位說明中「灌水」，以求提高薪資範圍。然而，填滿描述內容的泛泛之詞往往發揮反效果。如果描述內容過分誇大，反而要讓評分委員會耗費更多時間刪繁就簡，以便回歸名實相符的原則。而且，評分委員會很容易看破撰寫者的手腳，這樣的「灌水」作法只會適得其反。反之，簡潔、準確且直截了當地描述職位，能有效幫助委員會完成評分工作。因此，撰寫職位說明時，務必避免過度堆砌內容。想要透過誇大工作內容來矇騙或打動評分委員會常常徒勞無功。

第二十九章

績效評估

績效評估可以隨興為之，比如告訴某人「你的表現不錯」，也可以力求周到，比如寫出一份詳盡報告並與員工正式開會討論。

顯然，大家都希望知道自己表現如何。一套正式的績效評估機制（例如每年固定安排與下屬進行一到兩次的評估面談，專門討論其工作表現）比口頭上隨興說說更為可取，畢竟後者等於什麼都不用做。

一些主管認定自己與下屬的溝通非常高效，而對方也完全知道自己的立場如何。然而，你和下屬面談時，往往會發現對方希望能更頻繁地溝通。

許多主管仍然秉持「如果沒聽到什麼批評，那就代表我做得不錯」的理念，但這樣的想法是站不住腳的。除了那些需要緊急處理的情況，高層主管經常避談一切績效。他們認為，績效評估對基層員工有其必要，但對高階主管則不適用，因為這些人顯然掌控局面，不需要誰來告訴他們表現如何。事實恰好相反，高階主管往往更需要知道上級如何看待他們的表現。

績效評估是一件強大的管理工具，可是人們往往未加充分利用或者乾脆忽視。說實在話，許多主管並不喜歡執行績效評估，結果通常導致評估工作做得很糟，並讓員工產生負面體驗。做好績效評估能幫助你成為一位更成功的主管；而做得不好或甚至根本放棄，等於錯失機會，還可能使你和組織面臨不必要的法律風險。對你來說，決心做好並按時進行績效評估是最有利的。這不僅使你成為更有效率的主管，還會讓你在同儕中脫穎而出。

法律要求

在擁有五十名或五十名以上正式員工的組織中（具體數字可能依所在地和業務性質有所不同），無論員工屬於哪一級別，法律要求公司必須拿得出每位員工準確且最新的績效紀錄。此外，法律還要求每年至少舉行一次正式的面談。績效評估表格算做法律文件。在很多進入司法程序的勞動案件中，法官或仲裁人員首先通常要求查看員工績效評估的歷史。如果公司不曾執行績效評估，或者執行馬虎，又或存有偏見，就會蒙受很大的法律風險。

如果員工在評估會議中，或者在查看評估表格時，又或者在得知評分後告訴你「我不同意」，那就代表你沒做好工作。績效評估不應有任何出人意表的結果。如果你一整年都持續與員工溝通，並且告訴對方表現如何，那麼在評估時就不會出現驚訝的反應。

績效評估的頻率並沒有具體規定。許多主管會在一年當中舉行多次非正式的績效回顧會議，確保日後下屬不致反彈，這辦法稱為績效輔導（performance coaching）。績效輔導是主管與下屬之間定期安排的討論會，用來檢視所達成的績效水準。績效輔導並非正式，如果員工希望，可以予以記錄，但不使用任何表格。這種輔導方式允許你修改目標或設定新的目標，亦可增加或取消任務或工作分配。

一些公司要求主管每季度舉行一次績效評估會議，以避免員工日後因驚訝導致反彈。績效評估又稱績效回顧（performance review）。仔細想想，這意味一年一度的會議其實只是對已經在全年中溝通過的內容來一次回顧。

主管責任

身為主管，你有責任遵循一些基本準則來撰寫和執行績效評估。以下是績效評估的七項基本準則：

1. 設定目標和任務，讓員工知道公司對他們的工作期望。
2. 提供職訓和輔導，幫助員工邁向成功。
3. 持續提供績效上的意見回饋。
4. 準備評估所需文件。
5. 及時給予評估。
6. 理解並傳達評估的重要性。
7. 務求面面俱到，評估基礎在於員工表現，而非你個人的態度。

績效評估表格

一套正式系統的設計應該盡可能考慮到工作的方方面面。主管應該對每個重要因素作出評價。首先，這意味主管必須了解工作的內容與員工的表現。因此，績效評估應該由最接近該職位的人來執行。距離該職位三個層級遠的主管無法像與員工每天接觸的直屬主管那樣能做出精準的評價。雖然更高階的主管可以審查這些評估結果，但最確實的評價還是須由與員工日常頻繁接觸的主管來完成。

以下是典型績效評估表格中的一些項目。每個類別可能會有三到十個不同的績效等級，最高和最低的評價通常是「極優」和「差」：

- 產量水準如何？
- 辦事是否面面俱到？
- 工作是否準確（可以用錯誤率標示）？
- 是否主動／自我驅策？
- 態度如何？
- 學習能力如何？

• 是否能與他人有效共事？
• 出勤率以及準時性如何？

你還可能想到其他適合評估你業務的要素，這些都應納入考量。有些評估系統會對每個要素給予分數加權，然後得出一個最終評分，以做為員工的綜合評價。整份表單將成為員工人事檔案的一部分。評分等級可能如下：

• 八十到一百分：極優
• 六十到八十分：優
• 五十到六十分：良
• 四十到五十分：須加改進
• 四十分以下：差

根據系統需求，分數範圍可以更窄或者更寬。在上述例子中，對應五十到六十分的表現描述是「良」，然而在其他公司裡，這可能只代表「可」。但「良」這一用詞比較理想，因為大多數人對於「可」會反感，認為帶有貶義。「良」和「須加改進」會比「可」和「低於水準」更加實用。世界上「普通人」何止億萬，但很少有「良」的員工認為自己只配「可」的評價。

還有一點需要強調：有些主管心裡已經先有一個評分，然後再倒推來湊出這個結果。如果你這樣做，就是在「操弄系統」。這通常是因為主管不想告訴員工需要改進什麼。然而如果你遲遲不下這個艱難決定，最終只會為日後埋下隱患。

面談

績效評估與員工的面談至關重要。安排在不受打擾的空檔進行，並預留充足的時間，確保可以全面討論與工作相關的所有面向。回答下屬一切提問，並仔細傾聽他們的想法。耐心傾聽可能會比討論本身更加重要。許多員工習慣主管總是把事情當成緊急狀況的態度，因此，當他們有機會向上司談論自己的目標與抱負時，可能會感到不自在。

與直屬部下的對話非常重要，因此應該避免任何干擾，哪怕是公司總裁打電話找你。可以事先告知總裁你將與下屬進行績效評估面談，然後讓對方決定是否仍需要立即聯絡。此外，你應該關閉手機或者切換為靜音模式，也可要求該名下屬照做，以表現出你對於面談的重視。例如，開場時可以說：「希望我們對於這次談話全神貫注。」

當然，組織裡任何人都可能因為突發的緊急狀況而遭干擾。如果確實發生這種情況，應向員工解釋發生了什麼事，還有為何必須中斷面談。想像一下，當你正在陳述自己的目標和感受，而對方卻接聽電話或查看電子郵件或簡訊，那麼你會感覺多麼尷尬與失落。

在績效面談中，你應引導對話方向，但別搞一言堂。雖然你有訊息要傳達，但如果面談更像討論而非訓話，會更富建設性並且降低壓迫感。例如，你可以說：「我覺得如果你能更主動一些，成效可能更好。你怎麼看呢？」你會驚訝發現，員工往往比主管對自己的表現評價更苛刻。研究顯示，主管對直屬員工的評分通常高於員工對自己的評分。如果能讓員工參與評估過程，你不僅能獲得更多支持，也能減少防衛心態。

當然，總會有員工認為自己在某方面很拿手，而你卻很清楚知道，那是他的弱項。這種事避不掉。當你遇到這種情況，這正是你展現輔導技巧，幫對方理解自身不足之處的機會。避免拿出防衛態度或者提高聲量，例如「我來解釋一下是怎麼得出這個結論的」會比「你完全搞錯了，我來告訴你為什麼」更能服人。

務必記住，績效評估的目標有兩個。首先，讓員工清楚了解自己的表現。其次，更重要的是激勵其提升工作表現。這點你需要在準備和執行評估時牢記於心。

在評估過程中，你需要與員工逐項討論每個績效評估要素。明確指出員工的優勢及其有待改進的地方。員工對於你認為的優勢通常不會提出異議，但在討論其弱點時，可能出現分歧。這時，你必須讓員工有機會表達自己的感受。有些人在聽到有待改進的部分後，可能再也聽不進任何正面的評價。因此，千萬不要在評估面談開始時提到任何可能被下屬視為負面的內容，應該以幾個正面的評價開場。

你是否握有充分的資料數據以證明下屬在哪些方面表現較弱而且需要改進？提供如產量或品質記錄等的確實資料數據，這比單憑直覺更具有說服力。面對員工的異議時，應該認真討論這種分歧。下屬意見可能有其價值，甚至可能導致你必須重新審視自己的評估。保持開放態度，因為你確實有可能判斷錯誤。如果你握有可資證明事實的文件，那麼將能幫助釐清有爭議的評估內容。

還有一種方式可以讓員工更積極參與績效評估。你在分享觀察結果之前，先給下屬一份空白的評估表，請他們評估自己的表現。在面談時，將對方的評估與你自己的評估做一番比較。你會發現，很多時候他們對自己的評分比你對他們的評分更低。這種方法可以讓你和員工雙方就每個評分事項進行交流，以便開啟對話互動。下屬能從這個方法中學到很多關於績效評估的知識，而你也能更加了解你管理的團隊成員。

你在指出下屬有待改進的地方時，務必把話說得具體。如果你告訴他們在哪些方面的表現未達標準，你也必須說明如何改進。在面談前，需要仔細考慮這些改善建議並且制定具體行動方案。不要忘記，你的目標在於激勵下屬，並協助其提升表現。

討論內容

在執行績效評估面談前，充分準備是成功的關鍵。你應該坐下來，確定想在談話中討論的要點，甚至可以簡單擬好一份討論綱要。雖然公司提供的績效評估表格可能幫助你理清思路，但你應該預料到它可能不夠全面。如果漏掉重要的內容，事後還要再請員工回來補充，這會讓你顯得很不專業。

列出需要涵蓋進去的重要事項。以下是你在準備綱要時可以思考的一些問題：

- 需要提及哪些下屬的表現或態度？
- 需要補充說明評估表中並未包括的方面？
- 有哪些跟這位下屬有關的事情是你應該提到的？
- 你可以問哪些問題，促使下屬談談自己對工作的想法？

- 你如何幫助下屬提升工作的表現？在哪些方面下屬可能會自我激勵？
- 你要怎麼讓下屬知道，他對你來說不只是工作上的幫手，而且也是重要的人？
- 下屬在公司未來的規劃中扮演什麼角色？他是否具備晉升潛力？你可以做些什麼來幫助他的成長？

在與員工面談之前請先這樣自我檢視，花幾分鐘準備即可大大提升績效評估面談的積極影響。

表現合人意的員工

許多主管會為了和問題員工面談而做充分準備，因為他們知道面談可能會很棘手，必須準備好有力的證據和理由來支持自己對員工的評價。然而，就算和表現良好的員工面談，你也應該同樣用心準備。有時，你以為只是一場輕鬆愉快的談話，卻可能因為這位優秀下屬的意外反應而變了調。

隨著管理經驗的累積，你會發現表現良好的員工有時會利用這個面談機會，傾訴長期累積的問題。這些問題因情況而異，以下是一些例子：

- 「我的升遷速度太慢了。」
- 「我的薪水對不起我的工作量。」
- 「你總說我表現很好，但薪水卻沒有反映出來。」
- 「同事的表現未達標準。」
- 「你這主管對於完成工作的人不夠關心。」
- 「好的表現未被重視或是認可。」

就算你可能不想聽到這些意見，仍應該對員工的意見回饋保持開放態度。說實在話，許多員工只會說你想聽的話，但幸好還有少數寶貴的員工願說真話，所以你應認真傾聽。這些員工提供的訊息可能對你很有價值，或能幫助你了解未注意到的問題。請記住「兩軍相戰，不斬來使」的原則。就算他帶來的訊息讓你不愉快，問題也不在於他，怪罪傳信人不會改變事實。對主管來說，眼不見為淨或許一時無妨，但長遠來看可能招致大害。

當然，下屬反映的問題可能不完全符合事實，因為那是經個人視角過濾後的訊息。然而這並不減損其價值。如果下屬認為問題重要到值得一提，你就該認真聽取。畢竟，下屬一定知道你更希望面談順利進行，而非挑起問題。既然他決定反映，代表他對此事感受強烈。有時，你可能遇到一些只喜歡挑起事端的人，而且通常不是表現令人滿意的員工。

評價失真

績效評估過程中最大的一個缺陷就是一些主管幾乎將每位下屬都評為「優」或「特優」，即使其中有些人的表現不配如此抬舉也是一樣。這種情況往往起源於避免衝突的心態。千萬不要掉入這個陷阱。如果你不指出下屬哪裡需要改進，對雙方都沒有幫助。你只在破壞誠實評估的價值，並讓員工產生錯誤印象，認為自己表現得很不錯。如果你這樣做，就等於告訴對方他做得很好，下屬的績效就不會有所提升。

更重要的是，對方很可能會將評估結果告訴同事。一旦頂尖的下屬聽說某位表現明顯較差的同事也得到和自己相同或相近的評價，你認為這會對他們的動力產生什麼影響？

最後，如果你不指出員工有待改進的地方，將來可能會出現麻煩。假設日後需要縮編人手，你可能決定先讓表現較差的員工離職。這時，你可能面臨如下的情況：你計畫將其裁員的下屬會理直氣壯地抗議，自己一直只收過漂亮的績效評估，結果可能指控你偏袒或更嚴重的問題，讓你陷入吃官司的風險。

非正式的中期評估

務必記住，並不是所有的績效評估都需要像本章所討論的那麼正式。在第十四章裡，我們討論過能幫助你輔導表現欠佳員工的改進計畫。這個工具可不僅適用於有問題的員工。那張簡單分為三個欄位（優勢、待改進之處以及目標）的白紙在許多管理員工的情況下都能派上用場。

你可能遇到如下情況：一位表現不錯的下屬來問你，如何提升自己以獲得晉升的機會。在這種情況下，給他寫一張改進計畫十分有用。同樣，對於沒能爭取到職位的下屬，這項工具也很有效。身為主管，你有機會與那些認真且專注於自我提升的下屬合作。這類員工是團隊的寶貴資產，但同時也可能對你有較高要求。在這種情況下，這種改進計畫是一項理想的工具，能幫助你維持這位下屬的積極態度，並協助他實現職涯上的成長目標。

有事歡迎來談

「我的門都一直開著。」這句話你說過多少次？不過員工很快就會明白它的真正含義。意思可能是：「我的門都一直開著，但不要來扯新問題。」又或者：「我的門都一直開著，但別談加薪或升遷的事。」再或者：「我的門都一直開著，但我不想聽你私人的問題。」你的下屬很清楚你真正的用意，或者不久之後就會弄明白了。

有些主管可能會想：「我不要下屬喜歡我，我只要他們尊重我。」但你不覺得嗎，尊重一個你喜歡的人更容易？

你的績效評估面談應該鼓勵員工暢所欲言。溝通越開放，你們的工作關係就越和諧。

主觀因素

即使我們盡力做到客觀並且公平對待每位下屬，但身為凡人，我們難免在評估過程中受到偏見左右。你很可能比較喜歡某些下屬，這很正常。但在執行績效評估之際，你必須將個人喜惡擺一邊。同時，也要避免因矯枉過正而對你喜歡的員工特別嚴厲。客觀的數據可以幫助你不偏不倚。

有些主管會犯「光環效應」的錯。假設你正在評估一位需要完成五個不同目標的下屬，而其中一個目標是將部門的錯誤率降低五％。這個目標在你看來比其他任何事情都更重要。如果該下屬達成了這個目標，你在心目中可能會為她戴上一個象徵性的「光環」，像天使的光環那樣。在你眼裡，這名下屬無所不能，這樣你就被這個光環蒙蔽了。一旦出現光環效應，你很容易會高估該下屬其他所做的一切。

光環效應無處不在。舉個學校裡的例子來說，如果老師最看重的科目是科學，而某學童在科學方面表現得很出色，那麼老師可能會把光環戴在對方頭上，並且因為他的科學天賦而在數學和歷史上也給予更高的評價，儘管這些科目和科學可能沒有太多關聯。

光環效應的反面可稱為「惡魔效應」。如果該名下屬未能降低錯誤率，就會被安上「惡魔的角」。就算他在其他業務上表現得很好，然而因為他長「角」了，所以主管在心目中也會將他貶低。

接下來是「近期效應」。身為主管（但主管也是凡人），我們往往只記得近期發生的事。因此，如果下屬真的在意評價，而且知道主管將在六月一日做出評價，那麼他們可能在四月和五月表現得特別出色。這就像孩子在節日臨近時表現得很乖，為的是希望收到更多禮物。為了避免這種效應，你必須在整段評估期間進行記錄並妥善做好文件管理。

另一種管理上的主觀因素是「嚴苛效應」。許多主管認為，員工總有進步空間，沒有哪個員工是無可挑剔的。大多數人可能同意這種觀點。然而，這類主管從不願給出最高的評價（例如「超出預期」）。這種做法沒有任何道理，並且可能讓人心灰意冷。如果團隊成員超了目標，並表現得極為優秀，為什麼不給他們最高的評價呢？即便貝比·魯斯（Babe Ruth）[1]在這類主管的手下效力，也可能拿不到最高的評價。你或許聽說過如下的情況：孩子在考試中拿了九十九分，結果家長非但不稱讚他的成績，反而問他：「你到底怎麼啦？」這類家長顯然相信「嚴苛效應」，他們認為嚴苛以待可以鞭策孩子更上層樓，但你能想像這對孩子會造成多大的打擊嗎？

另外還有一個可能滲入績效評估中的主觀因素或者偏誤。許多新手主管或對員工不熟悉下屬的主管會犯所謂「中間趨勢」（central tendency）的錯。假設你的評估標準有一到五

---

1. 全名George Herman Ruth Jr.，一八九五—一九四八，美國傳奇棒球選手，一般認為是棒球史上數一數二頂尖的球員。他的職業生涯主要效力於紐約洋基隊，以卓越的打擊能力和創紀錄的全壘打數而聞名。

等五個評分等級，其中五是最高分。如果主管沒有事先做好目標設定、季度檢討、績效紀錄等功課，因此不確定應該將下屬歸入哪個等級，就會用中間等級含混對待。這是不公平的，因為下屬可能本應列入其他評分等級。緊抱「中間趨勢」也會損害你身為主管的公信力，並傳達出你不夠重視團隊成員、沒有做足功課以提出合理的績效評估訊息。

行為相關評論

你在評估表上寫評論時，應該盡量舉下屬的具體行為為例，說明為何給出某某評分。例如，不要說：「傑森不在乎工作。」而應該具體說明：「傑森在一月八日、二月四日才交出報告，晚於他所承諾的截止日期。」此外，你要非常謹慎使用評論文字。記住，這是一份法律文件，你應不會希望因此面臨法律訴訟。有些主管會在評估表上寫下令人驚訝且引發法律糾紛的文字，這類例子不勝枚舉。

你要注意，千萬不要寫出如下這類評論：

- 「跑籠在轉，可惜倉鼠死了。」

- 「斷了一條神經，腦袋整個當機。」
- 「欄杆放下，號誌在閃，但火車卻不見蹤影。」
- 「她像一手罐裝啤酒，唯獨少了固定的塑膠格。」
- 「腦袋靈光，十二月的阿拉斯加不過如此。」

評估後的反思

以下是個不錯的主意：完成評估面談之後，你不妨回顧一下自己在整個過程中的表現，從中學習並在下次面談中做得更好。以下是能幫到你的檢查清單。問問自己是否：

- 解釋了面談的目的。
- 了解下屬對己身表現的看法和感受。
- 保留大部分的時間讓下屬講話。
- 指出下屬表現良好的地方。
- 提出讓對方改善表現的建議，並問員工有何建議（必要的話）。

- 營造輕鬆氛圍以便下屬感到自在。
- 就下屬有待改進的地方達成共識，並且制定行動計畫（必要的話）。
- 訂定下屬改進表現的時間表（必要的話）。

線上績效評估

線上績效評估的系統現在隨處可得，值得你調查一下。這些系統有許多值得注意的優點。除了允許授權人員從任何地點登入查看評估外，一些系統還會提供撰寫輔助，並檢查可能引發法律糾紛的文字。某些系統還具有目標管理功能，幫助跟進追蹤同時對面談中設定的目標執行問責。

最終幾點反思

績效評估是十分繁重的工作。你要握有準確的文件資料，全年不斷進行溝通，還要遵循法律的指導方針、正確填寫表格、執行有效的面談，然後回頭檢視整個過程。評估過程本就相當耗時，你不能到最後一刻才急就章地拼湊所需訊息。不過，如果你執行得當，下屬便能清楚了解你對他們的期待，並且信任你會與他們一起努力，也會幫助他們達成目標。如果你認真對待績效評估的工作而且做得完善，同時內容不失公允，那麼那將成為一件高效的管理工具，也更能激勵每一位下屬。

第三十章
薪資管理

很明顯的是，職務說明、績效評估和薪資管理三者應該有一套整體規劃，其目的在於準確描述員工的工作內容、對其績效給予公平評價並且支付符合其貢獻的合理薪資。所有這些要素必須彼此相互契合，同時對組織的整體目標有所助益。

如果你必須做職務評估，通常也會針對組織中的每一職位設定薪資範圍。身為主管，你應該在這範圍內操作。為每個職位設置最低與最高的薪資是合理之舉。你不能讓某人在同一個職位待上多年，卻領取遠超過該職務價值的薪水。

讓資深下屬了解這一點非常重要，尤其當他們的薪資已接近該職位的薪資上限時更是如此。對大多數高素質的員工來說，這倒不會構成問題，因為他們通常會晉升到薪資範圍較高的職位。然而，在你主管任內，總會遇到一些長期待在同一職位上的員工。他們可能不想晉升，也可能已達到能力極限，無法勝任更高一級的工作。員工必須明白，自己的職位價值對組織有限。主管應該告訴他們，一旦達到薪資上限，他們只有在職位的薪資範圍上限提高時，才可能領取更多薪水。例如，這可能發生在生活成本增加，所有職位的薪資範圍都提高一定比例的情況。如果出現這種情況，你就有空間給予上調薪資的機會。

即便如此，對於那些在同一職位待了很長時間而且已達薪資上限的資深員工，仍需要設法持續加以激勵。他們具備能力，應該留任。許多公司會實施與服務年資掛勾的年度獎金來解決這個問題。另一種方式是根據主管裁量酌情發放年度績效津貼。

至於一般員工的薪酬管理計畫，通常是根據績效評估結果，提出一個加薪範圍內的建議。一些公司將薪資建議與績效評估分開處理。如此一來，主管對薪資調整該是多少的看法，就不致影響績效評估的結果。此舉的邏輯是，薪資調整應該基於客觀的薪資範圍和績效表現，而不是主管的薪資預期，避免主管在執行績效評估時，因為想要達到某個薪資調整結果而對員工的表現給予偏頗的評估。如果主管需同時決定這兩項內容，那麼可能傾向於先確定想要的答案，然後再回頭找支持的理由。雖然將薪資考量與績效評估分開處理仍不容易，不過如能將這兩個程序隔開幾週或幾個月分別完成，可能會有幫助。

假設你的公司確實為每個職位訂定了薪資範圍，並對你的建議施予一定限制，那麼毫無疑問，薪資範圍可能有所重疊。例如，較低層級職位的資深員工可能比較高層級職位的新員工薪資更高；一名表現優異的員工可能比高一層級但表現平庸的員工薪資更高。

公平

身為主管，你應該關注公平的問題。你可以檢視所有直屬下屬的薪資。可以先列出部門內的所有職位，從最高到最低排下來，然後將每位下屬的月薪記錄在名字旁邊。根據你對員工工作表現的了解，這些薪資是不是合理？有沒有哪一筆薪資顯得不合常理？

另一個方法是，根據你對部門情況的認知，按照職位對部門的重要性進行排序。這與管理高層對於職位重要性的評估相比如何？如果出現無法調和或難以接受的差異，安排與你的上司見一面，討論如何解決問題，將是一個聰明的選擇。

在評等、考核和薪資這些問題上，這裡再次強調一個非常重要的關鍵點。正如第二十九章所提到的，你應該認識並承認自己的確偏好某些員工。如果你自認對所有員工一視同仁，便是自欺欺人。某些人格類型就比其他類型更容易與你合得來。關鍵是要避免這些偏好在你做評估、加薪和晉升的決定時產生不當影響。

在建議給幾位下屬加薪時，你會面臨一些棘手的決定。如果公司每年在同一時間實行薪資調整，那麼將各項推薦加以比較就相對容易。你可以一次做出所有決定，並檢視其中的對比。但是，如果加薪決定是在全年不同時間點做出的（例如與員工的就職周年紀念掛鉤），就比較難將所有的決定同時擺在眼前。雖然在這種情況下保持公平立場比較困難，但是只要你平時記錄充足，還是頗有可為。你應保留所有職位說明、績效評估和薪資建議的副本。一些公司會鼓勵主管不需保留，只需依賴人力資源部門的紀錄即可。然而，保留自己的紀錄還是值得的；這樣你就可以在必要時隨時取用。務必將這些紀錄保存在上鎖或有密碼保護的檔案中，不要讓任何下屬接觸到這些檔案，就算是與你在工作上互動密切的祕書或助理也不行。這類資料一旦洩露，往往會傳出去。

薪資建議

在提交薪資建議時，務必確保所建議的金額合情合理。薪資調整既不能太低也不能太高，並且必須與員工對公司的貢獻相符。例如，過高的加薪幅度可能帶來「下次該調多少」的問題。下次的調薪幅度如果低於這次，員工便會認為公司怠慢自己，或者公司認為自己表現差勁。然而，晉升時的加薪即使金額特別大，也不會引發同樣問題，畢竟那只是與特定且單次的事件有關。在這種情況下，你必須向員工解釋為何當次加薪幅度如此之大，並強調這不會是日後加薪的依據。

如果加薪幅度過小，下屬可能認為公司在怠慢他，所以加薪的金額與其聊勝於無，還不如完全不要。小幅加薪有時是一種逃避的手段，原因是主管沒勇氣直接建議不給加薪，然而這不過是在拖延遲早都要面對的情況，因此立即且誠實地加以處理反而更為妥當。

在考慮加薪金額時，切忌將下屬個人需求當作重要因素。或許這看起來不夠厚道，但請考慮以下幾點：如果以需求為基礎給予加薪，那麼最需要幫助的下屬可能成為支薪最高者。如果他屬同時也是業績最出色者，自然不成問題。但若他的表現只是差強人意呢？

倒不是說你要對團隊成員個人的困難完全無動於衷。根據情況，你可以提供一些金錢以外的支持。舉例來說，如果某位下屬需要照顧父母或面臨育兒壓力，可以允許他們遠距工作或是利用視訊會議參與討論，這樣也許對他幫助很大。彈性工時也是一個無涉金錢的好辦法，既能協助員工，也不至於損害薪資結構的公平性。

薪資管理的關鍵依據應該是績效。如果你的加薪建議是基於員工的資歷、子女人數或是他的母親生病等考量，這就偏離薪資管理者的責任，做起慈善事業了。如果你的直屬部下面臨財務問題，不妨以朋友的立場傾聽、提供建議，或指出專業協助的管道，千萬不可動用薪資資源來解決這類社會問題。你在為面臨困境的下屬調整薪資時，可能心一軟，想額外多給一些。但你必須抑制這種念頭，完全依據員工的個人績效來做定奪。

人才管理

由於主管的部分職責在於預測挑戰和需求，因此你必須提前思考團隊所需技術和能力。不妨從以下的問題入手：團隊未來的任務會有什麼不同？你預見到哪些變化會影響團隊的使命？如果你不確定，可以與你的主管和同事討論，問問他們：「你認為未來有哪些變化會調整我這團隊的角色？」

例如，可能是線上執行任務的能力必須有所提升；也許是未來的併購會使你的團隊需要以不同方式運作。例如，你可能需要與不說相同母語的同事或客戶合作。此外，還可能面臨團隊成員自然流動的問題，例如有人即將升遷或者快要退休。你應為此做好準備，以免因為沒能未雨綢繆導致團隊能力突然降低。

提前規劃意味根據未來的挑戰或人事變動，審視每一位團隊成員的能力。過程其實沒有你想像的那麼困難。人才管理矩陣（如圖30-1）可幫助你簡化這個流程。具體步驟如下：

1. 確定所規劃的時間範圍。矩陣頂部須先標出預計日期。可能是六個月後，也可能是兩年後。因為變數太多，規劃時間如果超過兩年會較困難。
2. 第一欄填上你每位團隊成員的姓名。
3. 在第二欄「目前技能」的標題下，記錄該成員目前用來完成工作的主要技能。
4. 接下來這一步需要最多的考量：根據你所預見的組織或人事變化，將團隊未來完成任所需的技能列在「未來所需能力」這一欄下面。有些技能可能與當前的技能相同，這很正常，不過確認這點也有價值。對於某些成員而言，可能不需改變；但是對其他人而言，可能需要補強他們目前不具備的技能，請將這些技能臚列出來。
5. 接著，查看每位成員未來需要但目前欠缺的技能，將這些填入「欠缺技能」一欄中。
6. 最後，確定該成員如何獲取這些能力。如內部訓練、外部訓練、線上課程、向具備該技能的人學習、在職訓練、交叉訓練等，將這些方法填入「如何發展欠缺技能」一欄。

圖表 30-1　人才管理矩陣

團隊成員	目前技能	未來所需技能	欠缺能力	如何發展欠缺技能	需由他人提供支援
______ 姓名	1.______ 2.______ 3.______ 4.______	1.______ 2.______ 3.______ 4.______	1.______ 2.______ 3.______ 4.______	1.______ 2.______ 3.______ 4.______	❑ ❑ ❑ ❑
______ 姓名	1.______ 2.______ 3.______ 4.______	1.______ 2.______ 3.______ 4.______	1.______ 2.______ 3.______ 4.______	1.______ 2.______ 3.______ 4.______	❑ ❑ ❑ ❑
______ 姓名	1.______ 2.______ 3.______ 4.______	1.______ 2.______ 3.______ 4.______	1.______ 2.______ 3.______ 4.______	1.______ 2.______ 3.______ 4.______	❑ ❑ ❑ ❑
______ 姓名	1.______ 2.______ 3.______ 4.______	1.______ 2.______ 3.______ 4.______	1.______ 2.______ 3.______ 4.______	1.______ 2.______ 3.______ 4.______	❑ ❑ ❑ ❑

7.完成這些步驟之後，你將清楚了解團隊未來的技能需求與發展規劃。

這裡舉個例子。假設你的公司準備打入新市場，而這個市場需要團隊中的一些人具備目前尚未掌握的語言溝通能力。這將列在「未來所需技能」欄以及「欠缺能力」欄中。

首先你該著手的顯然是確定團隊中是否有人已具備這項技能。假設沒有，你必須先確定如何獲得。也許線上語言訓練課程是合適的選項，或者若找得到夜間語言課程，可能不失為另一個不錯的辦法。訓練的過程中，可能要讓員工前往講該語言的地方實地學習。

此外，你也可能認為，這個需求還有其他解決辦法。假設你估計只需要偶爾翻譯一些表格，那麼這種需求外包處理即可，或者你可能發現公司裡有其他人能夠幫忙處理這項工作。也有可能你只偶爾用到口譯，外面的即時口譯服務也足以應付。

重要的是，你要提前規劃，這樣才不至於措手不及。這是你身為主管的職責。第二點是，用心填寫的「人才管理矩陣」在你與上司溝通時會成為一項強大的工具。試想一下，如果你需要增聘一名團隊成員時，把這份矩陣放在上司面前向他解釋理由，必定能大大增強你的說服力。

第五部

管理者的自我提升

除了運用能力幫助他人進步，你也需要確保自己與時俱進。

第三十一章

情緒商數

情緒商數（ＥＱ）是管理學中的一個重要概念，值得深入了解。社會科學家和心理學家發現，那些具有高ＥＱ的主管和領導者，在管理和領導工作中的表現往往優於ＥＱ一般或偏低的人。研究顯示，高ＥＱ的人通常更能在職場上贏得成功，建立更穩固的人際關係，並藉由更有效的壓力管理保持更好的健康狀況，同時激勵自己和他人實現更大的成就。此外，他們也更有能力信任別人同時贏得其信任。相較之下，傳統測試所測得的智能商數（ＩＱ），似乎與管理的成功與否沒有直接關聯。

EQ源起

情緒商數這一概念由丹尼爾．高曼博士（Dr. Daniel Goleman）於一九九五年在《情緒智商：為何它比智能商數重要》（*Emotional Intelligence: Why It Can Matter More Than IQ*）一書中提出並加推廣。自從該書出版以來，有關這一主題的文章與書籍已經多不勝數。此外，幾乎所有備受讚譽的管理訓練課程，如今都會包含一兩個關於如何提升ＥＱ的課程。

IQ

ＩＱ與ＥＱ各自涵蓋的能力範圍截然不同。ＩＱ高的人通常擁有卓越的數學能力，並能深入理解詞彙和言語，同時在抽象推理和空間能力測試中表現優異，理解能力也高人一等。一般來講，ＩＱ的高低主要由遺傳決定，也就是說，ＩＱ的潛力大多在出生時就已確定。隨著年齡成長，ＩＱ的分數可能發生變化，但通常幅度不會超過十五分。而ＥＱ則不同，它是一種後天學習的能力，ＥＱ分數可以隨著時間明顯提升。

EQ

擁有EQ基本上表示你掌握「情緒智慧」。如果以下的問題你答「是」，代表你的EQ很高：

- 走進某個房間時，你能感覺到裡面的氣氛嗎？
- 你能辨識他人的情緒狀態嗎？
- 你知道自己什麼時候情緒起伏很大，而且必要時可加以控制嗎？
- 在壓力加身的煩躁之際，你依然能激發他人正面積極的情緒嗎？
- 你有能力並且也會向他人表達自己的感受和情緒嗎？

前文提到過的關懷支持他人的能力，與這些EQ能力非常相近。EQ結合了人際技巧以及深入了解自我的能力。

EQ測試

現在來測試一下吧！以下列出十個用來評估EQ水準的項目。針對每個項目，請你根據自身能力，打下一到十（最高分為十）的分數。若希望得到準確結果，務必切實作答。

1. 壓力大的時候，我能找到方法讓自己放鬆。
2. 別人言語攻擊我的時候，我能保持冷靜。
3. 我能輕易察覺自己的情緒變化。
4. 經歷重大挫折後，我可以迅速調整狀態。
5. 我具備處理人際關係的有效技巧，例如傾聽、給予回饋與激勵別人。
6. 我很容易拿同理心對待別人。
7. 我能察覺別人的痛苦或不安。
8. 即使執行的專案很無聊，我也能表現出滿滿的活力。
9. 我似乎總能知道別人在想什麼。
10. 我用正面的「自我對話」代替負面的。

如果得分超過八十五分，說明你已經具備很高的EQ。

得分超過七十五分，也代表你在邁向高ＥＱ的路上表現良好。

ＥＱ與管理

ＥＱ與優秀主管的關聯顯而易見。管理人和管理任務或專案是截然不同的事。優秀主管的特質如下：

- 能察覺自己的情感和他人的情感。
- 能恰當表達自己的情緒。
- 能自我激勵並激勵他人。
- 能應對壓力、緊張和煩躁，並幫助他人也做到這一點。

這些情緒商數技巧是當今職場卓越主管的關鍵特質。

第三十二章
建立正面自我形象

如果基於實際評估，而對自身能力抱持正面看法，那就不叫自大。人們在處理「自尊心」這件事時，常常感到困惑。一旦你做出健全的自我評價，有些人就巴不得你心生愧疚才好。但如俗語所說：「愛人如己。」這句話的意思是，你愛他人的能力取決於你愛自己的能力。這個原則同樣適用於管理工作。

許多談及自我形象的一流書籍都為主管提供了重要概念。以下是幾個基本點，能幫助你在主管職涯中更加成功。

事實上，我們的成就與自我形象密切相關。如果我們對自己評價低並認為自己會失敗，那麼潛意識往往會促使這種結果發生。反之，如果我們有足夠的自信並相信能達標，成功的機率就會大大提高。這樣說雖然有點大而化之，但傳達出核心的理念：**如果你想成**

功，也表現得像個成功的人，並對於達標充滿信心，成功的可能性會大幅提升。一切都取決於態度。如果你認為自己會失敗，那麼你很可能就贏不了了。

與此密切相關的是「自我實現預言」（self-fulfilling prophecy）的概念。這個預言表明，如果我們預期某人的行為，或者聽到別人對他的評價，都會影響對待這個人的方式。

要培養成功的態度，並讓這種態度成為你日常的習慣，過程中需要有一些實際的成功經驗來支持。現在你已經接下第一個主管職位，每次達標都將成為你邁向更大成就的基石。

很明顯，光有成功的感覺卻沒實際的成就，這樣是行不通的。沒有真材實料卻硬要裝樣子，遲早會被拆穿，這對你一點好處都沒有。

讓人覺得自大

很多新手主管常犯的錯，就是讓人覺得他們很自大。你得小心處理自己成功的感覺，不要讓別人覺得你目中無人。身為主管，你可以為自己的晉升感到驕傲，但不需要表現得自以為是。更好的方式是表現出低調但穩重的自信。

你有沒有想過，可能有人覺得你不適合這個位置，甚至希望你搞砸？這種人不只存在，而且很可能就在你身邊。如果你給人一種自大的感覺，只會讓這些人更堅信對你所抱持的負面看法。

如何提升自我形象

每個人都可以努力提升自我形象。以下的三種方法都非常有效。

第一種方法是「視覺化」，就是試著在腦海中具體想像你想要的結果。這是許多成功運動員常用的技巧。像是競速滑雪選手，他們在比賽前不能試滑賽道。所以，奧林匹克的選手會站在賽道旁好幾個小時，想像自己每一個轉彎該怎麼操作。同樣的技巧也適用在其他運動員身上，比如體操、划艇、單板滑雪、跳傘等的選手。

這招其實也能用在生活中的其他情境。你可以像運動員一樣，想像某個特定的目標結果。比方談成一筆大合約、主持研討會時贏得滿堂掌聲，或者伴侶因為你的支持而露出的滿意笑容。也許你想像的畫面是成功向執行長闡述你的理念，或者處理好懲戒下屬的工作，或者在董事會面前完成精彩的簡報。這些畫面越清晰，越能幫助你朝目標邁進。

經過一段時間的視覺化練習，這些腦海中的畫面會變成我們看待自己行動以及自我的一部分。大腦會記錄下這些畫面，方便日後使用。

但視覺化不是空想，它其實是在幫你的大腦「設定方向」，讓你朝著想要的結果前進。

第二種的方法稱為「雙贏」。這個方法就是多給別人正面回饋，並且努力幫助他們成功。此舉不僅讓你對他們的表現感覺更好，同時讓你對自己身為主管的能力更具信心。幫助別人成功，不只是提升自我形象的方法，也是為管理工作帶來更多成就感的途徑。

最後一個技巧是「正向自我對話」。據估計，我們每天會對自己傳遞超過一千個訊息。如果你想提升自己的形象，這些訊息必須是正面的。你越常這樣做，大腦越能建立起正面的自我感覺。例如：

- 「我的管理能力每天都在進步。」
- 「我可以處理好這件事。」
- 「我犯了錯，但下次我會改進。」

正向自我對話就像你腦海裡的隨身音樂播放器，播放的全是正能量的訊息。

犯錯焦慮

身為主管，你偶爾也會犯錯或判斷失誤，這很正常，誰都避免不了。關鍵是你如何看待以及處理這些錯誤，因為這不僅影響你的發展，也會影響別人對你的看法，甚至關係到別人對你的信任。一定要對自己和身邊的人全然坦誠，不要設法掩蓋錯誤，也不要找藉口，更不要把責任推給別人。

有些主管很難說出「我錯了」和「對不起」這兩句話，彷彿都卡在喉嚨裡。然而，這些話並不是暴露弱點，而是表現自信以及承認自己不過是普通人罷了。

新手主管常常不太願意為下屬的錯誤負責。他們對犯錯太過敏感，所以為了避免遭受批評，乾脆自己扛下比較複雜的工作。此舉會帶來兩個不良後果：

1. 大大減少你升遷的機會。
2. 你會累壞。

這些其實都是不夠自信才導致的惡果。你要全面建構自己的主管角色。挑選比較好的訓練師、學會更精準地拔擢人才以及制定更完善的內部控管措施，藉此減少錯誤發生及其影響。一旦錯誤發生，若該歸咎於你，你要承認、改正並從中學習，還有最要緊：不要糾結於此。然後，再和你的團隊一起繼續向前。

自戀及自我矛盾

你應該展示自己最好的一面，但別搞得像爆紅的電影明星那樣，連自己都相信自己的宣傳。你應該誠實面對自身的不足。其實，很多管理者做不到這步。主管當然也有缺點，誰也無法凡事都成專家。一旦他們升到一定職位，便發現很多人開始對自己百依百順。只有少數主管能意識到，別人對你尊敬，不代表你因此變聰明或者更有見識。這種被人捧著的感覺很受用、很愉快，很容易讓你陶醉，久而久之，你可能開始覺得這一切都是自己應得的。事實上，你以為是自己的魅力所致，但可能只是職位帶來的光環。

我曾在矽谷一間大型科技公司的總部聽過一個故事，說的是一位新上任的執行長剛學到的一課。有一天，他和幾名下屬經過一條走廊，隨口說了一句：「這條走廊如果漆成淺綠色會更好看。」幾天後，他再度走過那條走廊時，發現真的漆成淺綠色了。他感到既驚訝又尷尬，因為他壓根沒有打算改變什麼。這次經歷很快讓他領悟一個道理，隨口說說的話也要小心，因為下屬想取悅你，可能招致你意想不到且不樂見的結果。

這種「零失誤」的迷思在執行長層級表現得最明顯。從初階主管到最高層，隨著職位升高，這種迷思也會逐漸加深。但你必須保持對自身的清醒認知。然而，有些執行長還是會陷入這種錯覺。為什麼《財富》五百大公司執行長的平均任期只有四年半多一點？這也許是部分原因吧。

如果哪天你當上了執行長，你不會立刻變得更聰明。但人們會開始如醍醐灌頂般聽你說話。其實，你沒變得更有智慧，只是擁有更多權力罷了。不要把這兩件事搞混了！

別太在意高層怎麼說，應該更常注意他們怎麼做。如果有位高層說「我會聘請比我更聰明的人」，那麼想想他實際上做了什麼。他聘來的人，是不是都像他的翻版？如果有位高層說「我鼓勵員工提出不同的意見，我不希望身邊都是些馬屁精」，那麼回想一下上個星期，有個下屬果真提出不同看法，而他是不是立刻發火了？如果高層表示「我的門都開著」，可是等到你走進去問：「有空嗎？」他明顯擺出臭臉，那麼他的聲稱根本不是出於真心。言語和行動態度完全背道而馳。

在你一生的職涯中，你會遇到很多將管理理念說得頭頭是道的高層，但問題是，他們有沒有真正按照那些理念來行事。

缺點以及偏見心態

你不需要四處宣傳已身弱點，那樣是愚不可及的；只要願意承認，並且努力改正即可。舉例來說，那些你可能做不好或不喜歡的事，通常也是你不願意做的。這可不是巧合。你要自律，認真處理那些你不喜歡的事。記住，在你的績效評價中，執行任務的品質不會因為你不喜歡該任務就被忽視。所以，即便不感興趣的事也必須做好，這樣才能把它們結束掉，進而專注於你喜歡的事。

你得願意承認，自己可能有些觀念或態度要改進。如果你不承認，根本無法加以改進。比方，試想有位主管，他很看不慣五點就早早下班的其他主管。因他認為，一旦升任主管，就該把工作放在第一位，社交和家庭責任都得靠邊站。他還認為，五點就下班的主管不可能做完或是做好工作。這種心態可能源於他自己無法在五點以前完成工作的事實。

這就是他的偏見，他的「心態」。這種心態沒什麼科學依據，純粹是他自己內心的感受。面對其他那些工作之外還重視私生活的主管，這一類帶偏見主管必須察覺到自己的心態，並且努力克服，但也不能矯枉過正。這確實不容易，但我們必須先承認自己的缺點或是根深柢固的想法，才能妥加處理。

成熟控管情緒有個重要基礎，那就是能夠辨識並正視自己內心深處的信念或偏見。你不需要完全拋開這些信念，只要理解它們如何影響你看待和處理人際關係的方式。有一種人總是把自己的觀點講得天花亂墜，讓在座的人都被他壓得喘不過氣。你肯定遇過這種人，而且不想變成那副德性。若是跟志同道合的朋友閒聊，這種風格也許沒什麼大問題，但在職場中可不行。

大多數人如果碰上這種角色，只會避之唯恐不及，更不用說與對方分享訊息，因為他們擔心自己的想法跟不上對方的「心態」。那些愛把自己的信念全掛在嘴上的人，終會為此付出代價。

你的客觀立場

多年下來，我們都遇過自詡客觀看待問題的主管，但拿出來的態度或解決方法卻明顯主觀為用。若哪個主管一開始就聲稱「完全客觀」，你就得存疑了：為什麼他要這樣標榜呢？聽到這種話，最好多注意一下，因為對方很可能正好相反，其實與客觀沾不上邊。

想要完全客觀，基本上是不可能的。我們的經驗是一路走來所累積的，你偏好某些員工甚至可能說不出原因，可能只是彼此的磁場對上了。只要你能察覺到這一點，就可以在面對那些你不太喜歡的人時，更公平地對待他們。

身為主管，與其不斷重彈處事客觀的老調，倒不如誠實對待身邊的人，別在客觀和主觀的細微差別上斤斤計較。承認做到完全客觀不容易，但這反而是一個不錯的出發點。

如果你的上司問你：「你的立場客觀嗎？」你的回答應該是：「我會盡量做到。」誰也無法保證自己全然客觀，但是朝這個方向努力很值得讚賞。

自信要像靜水深流

學著以冷靜的自信來做決策。隨著你做出的決策越來越多，你的能力也會越來越強。大多數管理階層的決策無需動用什麼非凡智慧，而是要有能力蒐集事實，並且知道什麼時候資訊已經足夠，應該下決定了。做決策時不要情緒用事，然後再找理由令其站得住腳。你會發現，此舉只是在為一個根本不該做的決定護航。蹩腳的決策沒必要辯解，即使是自己做的也一樣。一旦你開始為錯誤的決策找藉口，你就陷進去了。

太多新手主管誤以為應快速做出決策才顯出色，到頭來只贏得「快槍俠」的綽號，這絕不是好事。另一極端則是做決策慢吞吞。

關鍵在於把握平衡以及節制。你不想因操之過急而做出差勁的決策，可是也不想因拖拖拉拉導致良機錯失。你也清楚，匆忙蒐集來的資料不會理想，所以應該把必要的資訊完整準備好，然後評估情況再下決策。行事別太衝動，可是蒐集資料的過程也不能設下無法企及的高標準，否則機會可能在你還沒拿定主意之前就溜走了。

做成決策

說到建立自信，靈活運用不同決策方式的能力是重中之重。做決策的方式主要有四種：獨立決策、參與式決策、授權決策以及升階決策。

✍ **獨立決策**就是你自己來做決定。通常如果你是專家、時間緊迫，或者決策性質不適合讓團隊參與，你會採用這種方式。比方處理人事問題可能需要獨立做出定奪。但這不代表你無法向不受你直接管理的人徵詢意見。你不妨向部門外的同事、你的上司，甚至向不是本公司的其他人請教，這樣可能對你在做獨立決策時大有助益。

參與式決策是讓員工參與決策過程，徵求他們的意見，並讓他們成為其中的助力。這種方法可以幫助你獲得員工對於決策的支持，也就是邀請日後實際參與執行的人加入討論，以便做出更完善的決策，還能收穫一定的職訓之效。讓團隊成員參與決策，使他們更熟悉過程，這樣也有助於提升他們的技能。

授權決策是讓團隊來為你做決策。如果團隊比你更懂得當前問題，或者你對結果並不特別在乎，就會採用這種決策方式。如同參與式決策一樣，授權決策也有職訓上的價值，並能讓團隊成員清楚知道，你信得過他們的判斷。

升階決策是你呈請位階比你高的人來做決策。也許是因為你不具備做這決策的資格，或是該決策會影響到你團隊以外的人。做升階決策時，務必小心謹慎。你可不想因此被上司認定為不願意或無法做決策，但有些情況下，你確實應該在決策過程中退一步。

不要做一個只懂得採用單一決策方式的主管，要有彈性。一旦你選出適合當前情境的決策方法，你的自信以及形象都會大大提升。

真誠領導

大家都聽過「以身作則」吧？這是很好的領導技巧，但還有一層稱為「真誠領導」（authentic leadership）的更高境界。真誠領導是藉由誠實與真摯來獲得團隊的尊敬。真誠領導有兩個互不可分的要素：示範你希望別人效法的行為，並且言行一致。

你的團隊成員會仔細觀察你。因為你是上司，他們會尊重你，甚至表現出一定的敬意。但是如果你是真誠領導，他們會打從心底尊重你，而非迫於職責。這才是真正的領導力。

由於你是上司，你的團隊成員可能會適度配合你，不會故意惹出麻煩。然而如果你以真誠風格領導，這種互動關係就會改變，也就是說，你的團隊成員不再是出於必要而配合，而是受到啟發並且主動投入。這種力量非常強大。

如果你個人成為高標準的模範，你的團隊也會受到激勵，追求同樣標準。你在做決策時謹慎並且重視道德，團隊也會受到這種態度影響。就算意見不合，如果你仍然能尊重同事，那麼團隊也會學習這份尊重。若你行事展現格調，團隊就會受你鼓舞，進而追求更高標準。

所以，誠實面對自己，認清自己是誰，還有你想樹立何種榜樣，然後付諸行動。你因此將成為一為更能啟發下屬的領導者，也會讓你成為更好的人。

辦公室政治：玩一場遊戲

正如上文所述，別人會根據你在所負責領域中的表現來評斷你。你的直屬部下以及你的直屬上司，對於你的未來同樣重要。這就直接牽涉到辦公室政治這一問題。它無處不在。許多人一聽到「辦公室政治」就皺眉，因為並不是所有人都對政治或政治家懷抱好感。但事實是，只要至少有兩個人一起工作，政治多少都會存在。

不妨用如下這個比較正面的定義來看政治：社會中人際關係的一切複雜面向。從這角度切入，政治便存在於所有涉及人際互動的環境中。辦公室政治是一場遊戲，幾乎每個人都參與其中。你要麼是參與者，要麼是旁觀者，而大多數主管是參與者。

有一些主管被下屬說成「薄情寡義」，但其上司卻給出「熱情慷慨」的評價。這可能是因為這些人非常擅長玩這場政治遊戲，但從長遠來看，他們是在傷害自己。不管他們在辦公室裡多麼如願地實現野心，但身為人，他們在人性上終究失敗。

如果升遷對你來說比誠信以及做真實的自己更重要，那你最好跳過這一章剩餘的部分，因為你可能不喜歡接下來的內容。幾乎所有走投機路線的人都可以暫時遂願，可是你必須考慮此舉的代價。的確，很多有關升遷的決定看起來並不公平，也不完全是基於能力的考量。生活本來就不公平，所以不要指望升遷應該公平。

很多人覺得升遷是基於一些跟公平和個人能力無關的理由決定。即便大部分公司都設法盡量公平地做出決定，但結果並不總是讓人覺得如此。何況，在決策者看來完全合理的決定，對你來說卻可能並不合理，尤其如果你原以為自己是升遷的熱門人選，那又更不合理了。

儘管如此，如果你想升遷，還是應該做好準備。如果你只仰賴運氣或者巧合，那麼機會就會大幅減少。預作準備，這樣對你百利而無一害。天曉得呢？你的升遷機會可能來自公司外部，因此也要為這種可能性預作打算。

培養接班人選

一旦熟悉自己的業務後，你就得開始尋覓接班的人選。理由十分簡單：如果升遷會造成業務上青黃不接，決策者就不太可能考慮提拔你。**有一個準備好接替你工作的接班人，能讓你成為更理想的升遷人選**。

找到合適接班人選的問題可能相當棘手。不要太早選定接班人。如果這個人無法如你所願地成長，沒展現出能夠勝任你業務的能力，那就會變成一大麻煩。而且，決定改變接班人選可能引發各種問題。

挑選接班人的方式非常重要。如果你手下已有一個很能勝任的團隊成員，那就只需幫助這個人盡可能更全面、更快速地成長。讓接班人選代你執行一些業務，但不要一股腦把所有工作都交給他，然後自己坐著看報紙或商業雜誌。顯然，公司聘你當主管不是為了這個目的。逐漸加重接班人選的工作，讓他更全面參與你的業務，直到學會大部分內容。確保他能夠經常處理每項工作，才不至於忘記。你偶爾可邀請他一起參與面試新員工的過程。

如果接班人選的表現令你滿意，就可以開始為他爭取提拔的機會。讓你的上司知道對方發展得很好。在工作評價中，使用像是「具備晉升潛力」或者「有望成為出色主管」等的詞語。當然，這些評價必須實在，否則對你和接班人選都會造成不利的影響。如果接班人選不斷進步，就可以在不招搖的情況下向上司反映這點。

你可能遇到接班人選被提拔到其他部門的情況，但這是值得的。即使這樣的事發生不止一次，你也會得到「優秀人才培養師」的好名聲，而這將對你自己的晉升大有幫助。你同時會發現，培養員工是一件很有成就感的事。當你忙著幫助員工晉升之際，或許你的上司也正在關注你以及你的未來。

採用多重選擇

如果你還沒有接班人選，那麼就先把你工作的部分任務分配給幾個人，看看他們如何應對這些額外責任以及新的機會。此舉對你大有好處，因為同時培養幾個接班人選，能降低人選全部被提拔到其他部門的風險。如此妥善的準備也能夠在緊急時派上用場。

不要急於挑出某某下屬做為接班人選。一旦你選定了某某做為副手，其他人可能會放棄爭取這個職位。這是一切晉升過程中常見的麻煩，那些未被選中的人可能停止努力爭取，而這通常會影響他們的表現，就算這種影響只是暫時也是一樣。

以下的管理概念可能對你有幫助：**始終要讓你的團隊成員有個目標可以追求**。如果到了你需真正選出一個接班人的時候，也應該讓其他人選知道，在其他的部門也有機會，而且你會幫助他們實現升遷目標。

然而，萬一爭取這個職位的潛力人選不止一位，你就該平等對待他們。可以輪流分配任務，確保他們每個人都能接觸到你業務的各個方面。如果你偶爾不在辦公室，可以輪流讓每個人負責業務營運。此外要給他們每個人管理人事的機會。

定期召集所有接班人選開會，一起討論你的工作。不要說「大家來討論我的工作吧」，而是討論他們所遇到的具體問題。這樣大家都能從中受益。如果某一位在你不在的時候遇到了一個特殊的管理問題，為什麼不教其他人也從這個經驗中學到東西呢？

不要「非我不可」

再次強調，別讓自己變得不可或缺。有些主管會陷入這一種情況。他們為了保證工作品質，要求把所有難題和決策都交由自己來處理。下屬很快就明白了，任何不尋常的情況都應該先請示主管。這樣不僅浪費你的時間，更關鍵的問題在於，下屬很快就不再自己設法解決較複雜的問題了。

讓下屬自己找到答案很重要，這樣他們會成為更好的員工。當然，能授權給員工的責任有限。良好的管理術在於讓員工擔起一定的責任，同時主管還能保證為其作為負責。

你可能聽說過，有人在擔心自己度假時公司能否運作下去。事實上他們想錯了：他們真正擔心的是公司根本不需要自己了。做對事的主管都能放心，自己如果不在，部門仍會順利運作。真正高效且專注的主管其實已經達到這個境界，也就是說，即便他不在了（比方升遷或者換了公司）也沒問題。有些主管因為誤解了自己真正的職責所在，才讓屬下覺得「非他不可」，而且還要花上一輩子的時間來證明自己不可或缺，結果就是始終坐在原位未受調動。

這類人主要的問題在於，他們不明白管理工作的真正意義。**管理不是「親自做事」，而是「確保任務得以完成」**。

接替前任

如果你的前任把工作搞得一團亂，那對你可是個大好機會！只要你不是完全不行的人，跟這樣的前任一比，你會顯得像個英雄。老實說，這比接手一個運作良好的部門要輕鬆得多。要是你接替的前任是公司裡的英雄，可能是退休或升到另一個更高的位置，壓力就會大很多。因為不管你做得多好，都很難跟傳奇人物相比，加上時間如果已將其形象美化成傳說，那就難上加難了。

所以，如果你有得選，那麼是接手一個運作失序的部門還是一個經營順利的部門好呢？你就挑那個災難現場吧。這可是個建立自己職涯聲譽的好機會，你不會後悔的，更何況你還很可能從中學到更多東西。

持續學習

如果你想晉升，那就得擴展你對這個行業的了解。不僅嫻熟你自己的職責範圍，還應該清楚整間公司的運作方式。

方法不只一種，比如多涉獵相關書籍。你可以請上司推薦一些跟公司運作或理念契合的讀物。順便一提，沒有哪個上司會因下屬前來請益而覺得遭受冒犯。但注意別問太多次，不然上司可能覺得你不是缺乏判斷力，就是在討好他，這兩種印象都無法讓你加分。

如果公司提供教育課程，記得報名參加。就算短期看不到明顯好處，但長期來看一定會有幫助。另外，這也表現出你對學習的積極態度。不過務必注意，選的課程或者訓練應該跟你的工作和職涯目標相關，避免給別人「有課就上、多多益善」的感覺。還有，也要合理安排時間，別因為上課而耽誤主要工作。畢竟，升遷關鍵還是在於做好本分工作。

合宜穿搭

穿搭風格會隨時間變化，今天看來不適合的裝扮，可能幾個月或幾年後就沒問題了。身為主管，別想靠著誇張穿搭、超前衛的衣飾來當潮流先鋒。你可能覺得這樣不公平，但是如果高層背後提到你時說「一樓那個穿得怪裡怪氣的人」，就別指望升職有你的份。

什麼樣的穿著才算合宜或者遭人側目？這可能因行業或地區而不同。比如，時尚雜誌的辦公室裡合適的穿搭，放到一間傳統的壽險公司就可能不太行了。同樣，美國西南部的穿衣風格到了東岸可能就不吃香。而且，工廠主管的穿著和辦公室主管的穿著必然會不一樣。關鍵在於，如果你想成功，穿衣打扮看上去就應該像個成功人士才好，但也別太過頭。你的外表應該低調展現內涵，而非讓人覺得你太浮誇。

以下的故事就完美說明了不同公司的穿著差異：幾年前，有位年輕人去好萊塢一家電影公司的創意部門面試。他事先打電話問了聯繫人該怎麼穿，對方說：「隨意就好。」於是他穿了西裝褲和一件熨得平整的襯衫去。結果一到場發現所有人都穿著背心和短褲！很顯然，他和聯繫人對「隨意」的理解不一樣。不過即便如此，他還是拿到了那份工作。

這個故事不僅說明了不同公司對穿著和風格的要求可能不一樣，也證明了身為商務人士，與其隨便穿搭，寧可稍微正式一點，比較不會出錯。如果你穿西裝打領帶去參加一個活動，抵達後才發現現場走的是休閒風，那麼你還可以脫下外套、拿掉領帶；可是如果你穿得很隨便，卻發現大家都穿著西裝，那就很難臨時加點衣服來配合大家了。

這裡有一條簡單的經驗法則：如果你拿不準該穿什麼，那麼寧可正式一些。另一條法則是，如果仍有疑慮，不妨留意公司裡高階主管的穿搭風格，向他們看齊就好了。

可以推銷自己，但請留意分寸

就算你再優秀，如果只有自己知道，對於你在職場上的發展也是無濟於事。你應該讓公司裡的決策階層知道你的才能，而且要用最有效的方式傳達。

不過，如果你大張旗鼓地宣傳自己，可能引起別人反感，覺得你太愛吹噓，這種名聲對你的職涯發展毫無助益。有些能力很強的人，由於推銷自己太過直接，反而讓人生厭，結果適得其反。你要學會低調巧妙地表現自己，讓人覺得你懂得高效溝通，而不是自吹自擂。

以下是個處理這一問題的好例子，既不冒犯別人，也不至於引起反感：假設當地的社區大學開設一門課程，而你認為學了可以提升工作技能，進而增加升遷機會。這時，你可以用一些方法讓主管以及公司知道你正在努力進修（點到為止，不要過度宣傳）：給人力資源部門發一份備忘錄，請對方把你正在研習之課程的資訊登在你個人的檔案裡，並將副本寄送你的主管。這樣，未來有人查看你的檔案、考慮升職的人選時，就能看到這條記錄。課程結束以後，記得再次通知人力資源部門，說明你已順利完成課程。如果有結業證書，記得送一份副本給人力資源部門存檔。藉此，你既能有效傳遞訊息，又不會讓人覺得你在刻意推銷自己。

假設你的主管遲遲沒提到那份你寄給人力資源部門的備忘錄，就找機會和他隨意聊聊，可以說些類似這樣的話：「昨晚我會計課的老師提到一個很值得注意的觀點……」老闆可能會問：「什麼會計課？」

也可以事先把課本放在桌面，隨著話題開展，老闆可能會問你更多細節。

你也可以趁機請教對方一些課堂上的問題，表示自己還有不太懂的地方。

如果有同學來公司找你一起吃午餐，你也可以介紹給老闆認識：「瓊斯先生，容我介紹一下，這位是我在會計課上認識的同學麗茲．史密斯。」

你明白了吧？越自然越好，這樣你的用心看起來就不會太過斧鑿。你的主管不難看出你在自我行銷，而且如果表現得體，對方甚至可能欣賞你的風格。雖然成為公司裡最有能力的準主管是件好事，但如果沒有人知道這些，你也無法真正受益。很少有老闆會主動來問你：「告訴我，你最近為升職做了哪些準備？」所以你要讓他們知道。

有些主管抱持如下信念：「只要工作表現出色，升職加薪自然水到渠成。」但這種策略太冒險，你不能賭這種機率。如果上司不知道你做了什麼，又怎麼可能欣賞你的成就呢？至少培養一種傳遞自己專業成就的辦法，但適可而止，避免讓人覺得你太高調或自以為是。

展現自我，提高他人認知

讓同事了解你能力的一個最佳方法就是提升自我展現的技巧。一旦你對這種技巧變得得心應手，便可以主動尋找展現你才華與專業知識的機會。這會讓你從大多數人中脫穎而出，因為很多人都害怕或是避免公開自我展現。而最重要的是，每次展現都會讓在場每一個人更加了解你、你的職位以及你的能力。

如果你和大多數人一樣，想到公開演講不會特別感到振奮，那麼你的抗拒很可能源自過去有限或者負面的經歷。不過，第三十九章會提供一些具體建議，幫你突破這些限制，並且提升你的展現技巧。

這場遊戲值不值得？

在大多數主管的職涯中，除了努力成為一位出色主管，同時為高一級的職位做準備幾乎也是一件必然的事（除非他們對於晉升興趣缺缺）。如果你不想為升遷付出代價，這倒不成問題。如果這是你的真實想法，那也是件正面的事，因為這表示你十分了解自己。我們可能都有發現自己不再有機會升遷的那天；反之，我們雖然可能還有機會升遷，但對現狀已感滿意，並不想承受下一次升遷招致的麻煩和壓力。畢竟，職位的金字塔越往上越狹窄，一旦坐上董事長或執行長這樣的高位，在這家公司裡已經不可能再升上去了。

本書前面幾版提到，你有權利知道自己有無升遷可能，我們甚至建議你就直接去問。不過現在讓我們重新思考這件事：如果你根本不在意升遷，那為什麼還要問呢？不過，假如你被提拔，那也確實令人開心，或許你會改變想法。

如果你想升遷，而且覺得機會早該輪到你了，那為什麼還要冒險去問，結果可能逼得上司直言不諱：「我覺得你升遷無望。」或者乾脆模稜兩可迴避問題，讓你心裡頭更不舒坦呢？更糟的是，萬一上司在你的檔案裡記上一筆：「瓊斯經理對於升遷念茲在茲，我告訴他，你已經到頂了。」如果你的上司後來離職，換來一位和你很合得來的新主管，你當然不希望檔案裡留有這樣的紀錄，對吧？何必要冒這個風險，讓一個可能根本不正確的評價被寫進檔案，永遠都更改不了呢？

如果你渴望升遷，就該專注手上的工作，不要讓未來的機運分散注意力。讓決策層知道你樂意接受新挑戰，這當然沒問題，但對你職涯最有幫助的，還是把目前的工作做到出色。做好手邊工作是你最重要的目標，其餘的雄心壯志都得排到後面去。

找個靠山

找個能在高層幫你說好話的上司對你的職涯發展極有助益。和所有你能接觸到的高層打好關係，讓他們知道你的工作表現有多優秀，並看到你積極正向的態度。如果只有你的主管欣賞你，而他離職了，那你等於失去了靠山（除非他能在新公司給你安排一個很棒的職位）。最好是高層有許多人知道你的名字，而且印象很不錯。如果能得到公司裡幾位明星級高層的提拔，對你來說受用無窮。欣然接下一些委員會的任務，這樣你就有機會接觸到自己部門以外的主管或高層，但記得要在不影響其他工作進度的前提下參與。

展現格調以及實力

想達到本章提到的目標，你需依靠卓越的表現和自信心。很多時候，工作表現究竟是普通還是出色，關鍵在於你的「形象」或「格調」。你的格調會影響上司對你表現的看法，若這種格調正好對上司的胃口時尤其如此。不過，萬一你格調低或愛冒犯人同樣都會招來負面的評價。

做好工作，並充分展現出你的成果是一回事；假裝自己做得很棒然而其實相反，則是另一回事，而且只會惹來麻煩。重點在於，你的表現和傳達的形象必名實相副。

第三十三章
時間管理

你是否曾在下班途中，察覺自己一整天都沒完成任何表定的工作？我們每個人都有這樣的經驗：從早到晚忙著處理臨時問題。有時這種狀況難以避免，可是如果經常發生，問題的部分原因可能是你的時間管理還不到位。

縮小目標範圍

以下這種時間管理方法對一位成功的紀實作家幫助很大。我們聽聽他怎麼說：「我大約十年前開始認真寫作。當時我的目標是每週寫完一章，然而一整個星期過去了，我卻沒能寫出一行字。原因在於我認為要特地騰出很多時間才能寫完一章，所以到頭來根本沒有動筆。後來我決定把目標分解成比較小的單位，也就是每天只寫兩頁。有時我會漏掉一天，那麼隔天我會把目標設為四頁。如果出於某些不可預見的原因，我錯失了兩天，我不會再把目標設為累積未寫的四頁再加上當天的進度兩頁，否則我就會回到之前一再拖延的舊習。

結果是，設定更合理的目標後，儘管時間的總體需求沒變，寫作工作卻開始有了進展。唯一的改變就是我對問題的態度和處理方式。有時我坐下來準備寫兩頁，結果寫了更多，十頁、十五頁都有。如果我今天設定的目標是十五頁，可能根本不會動手。」

這段話的意思是，如果你覺得，除非可以一口氣完成整個案子，否則應該先按兵不動，那麼你可能陷入無法行動的困境。要接受這樣的現實：**你可能需要將專案拆解成多個可在較短時間內完成的較小單元**。

待辦事項清單

你可能聽過美國已故的工業家亨利・凱瑟（Henry Kaiser）。他有許多成就，包括在二戰期間創建一家專門建造命名為「自由號」貨船的公司。這些船每艘只花幾天就能建好，真是一個驚人成就。

凱瑟每天早上進辦公室第一件事，就是坐到辦公桌前，拿出一張便條紙，列出當天希望完成的事項，按優先順序排列。一整個工作日，他都將清單擱在辦公桌上。完成的項目會劃線刪掉，未完成的項目則放到第二天的清單上。他總是優先處理最重要的事項。

你不妨也試試這個簡單的方法來安排你的一天，結果將驚訝地發現自己能完成更多的事。這種方法的最大價值，可能就在於你寫下目標的時候，強迫自己規劃當天的活動。

現在有很多新穎工具，能讓你更輕鬆地記錄待辦清單，而凱瑟當年還沒有這些工具。你可以選擇在手機、平板或電腦上記錄清單，此外還有很多應用程式可以幫助你。在網路上搜尋「目標管理軟體」就能找到許多相關結果。或許你也可以在文字處理應用程式中開創一份簡單文件，並定期更新它即可。電腦螢幕越來越大且價格也更便宜，你或許可以將清單一直放在螢幕的角落。

智慧型手機具備強大的列表管理功能，還有專門用於目標和任務清單的應用程式。只要在蘋果App Store或安卓手機上搜尋「目標清單」，你會發現數十個應用程式可供選擇。你口袋裡可以放一本小筆記本以供隨時取用。找到最適合你的工具，並好好加以利用。

安排任務時機

你可以在任務清單中做些調整，讓它更實用。你最了解自己的作息和精力狀況。如果你早上精力最旺盛，應該在一天開始時處理需投注大量精力的任務。反之，如果你在一天較晚時才進入狀況，可以試試把任務的性質和自己的精力水準對應起來。盡量在精力較旺盛時處理不喜歡的事情，同時記得先完成優先級別較高的任務，次要的可稍後再處理。

還有一個需要考慮的因素是，每天的某些任務需要較多的創造力，而另一些則需要較多的邏輯或步驟性思維。例如，撰寫專案提案或簡報屬於創造性的任務；而製作生產報告或計算預算則是屬於邏輯性的任務。這種劃分通常依據所謂的「右腦」和「左腦」活動。右腦負責創造性的任務，而左腦則負責邏輯性的任務。不過，你使用大腦的哪一側並不重要，重要的是要記住任務有不同的類型。你不妨把這想成處理創造性任務需要「循環思維」，而邏輯性任務則需要「線性思維」。

有些人發現自己在一天的某些時段（例如早晨或晚上）更擅長處理創造性任務，而在其他時段則更適合處理邏輯性任務。一旦你觀察出自己的最佳狀態，記得把它記錄下來。例如，有沒有哪個你拖了好一陣子都未能結案的任務，結果完工階段卻進展得很順利？記錄下完成的時間，還有這是屬於創造性還是邏輯性的任務。這種觀察操作多次以後，你就不難找到效率更高的方法。

有些人覺得把創造性任務和邏輯性任務分組處理效率會更高，因為這兩種任務涉及不同的思考方式。例如，你可以試試在午餐前處理創造性任務，午餐後處理邏輯性任務，或者反過來。我認識一些人，他們發現一旦開始處理邏輯性任務，就很難再回到創造性任務上了，所以他們會優先安排創造性任務。總之，觀察你的習慣，調整任務安排，找到最適合自己的節奏，這樣便能提昇效率。

清單不管用了

每一位閱讀本章的人可能都在想，任務以及目標清單確實不錯，但我每天實在都太忙亂，不管我用什麼方法寫下清單，有時候連一項預定的任務都無法完成。這是真的。有的時候，你的任務清單似乎就像易燃物，一天才開始就燒成灰了。這是現實，但你不能以此做為藉口，從此放棄每一天的工作規劃。

高層之所以選你當主管，原因之一是你已展現出良好的判斷力。所以你必須用判斷力下決定：何時應該依循你的任務清單，何時該擱置它，還有何時應該加以修改。你很可能一天某一時刻需加修改，而且通常一天內來上好幾次。你能否做好這一點，將會大大影響你的成績優劣。許多成功的高階主管似乎天生就具備這種能力，可以根據情況變化來重新排定清單上的優先順序。觀察你所在的組織中擅長這方面的領導者，並向他們學習。

任務優先等級

一些主管會將自己的任務清單分為A、B、C三類，而A類是最重要、必須先完成的任務。如果你有好幾項A類任務，應該在這個類別中進一步排出優先次序。B類任務可以等到有空再來處理，C類任務則不急迫。有些主管喜歡先做C類任務，因為這會帶來完成任務的成就感。千萬不要掉入這個陷阱。此舉不僅效率很低，還可能導致一些A類的關鍵任務無法完成，進而造成嚴重問題。

務必記住，情況可能改變，一些A類任務的優先級別可能會降低，變成B類任務。花幾分鐘檢查並且更新你的任務清單，這會大幅提升你的產出能力。

你之所以被選為主管，部分原因是因為你展現出了判斷力。你需要運用判斷力的方式之一，就是知道何時應該堅持完成任務清單，何時應該暫時擱置，以及何時應該修改清單。在一天之中，甚至是同一天內的多個時刻，你很可能需要不斷修改清單。而你能否做好這件事，將會極大影響你的成功程度。許多成功的高階主管似乎天生就具備根據情況變化重新設定優先順序的能力。觀察你所在組織中那些擅長這件事的領導者，向他們學習。

如果某項A類任務太龐大、太複雜或讓人不知從何下手，就把它拆分成幾個小任務吧。就像上文例子中提到的那位作家一樣，與其將任務視為清單上完整的一項，不如將它拆分成幾個部分。例如，制定明年的營運預算是一項大任務。如果看到「制定明年預算」這個任務讓你感到壓力太大，甚至無從下手，你可以將它拆分成幾個更小的任務，比如：

- 預測明年的季度營收。
- 預估明年的人力需求。
- 從採購部門取得明年預計的材料成本。

很多人完成任務後，會把該項文字劃線槓掉，因為這樣可以讓人鬆一口氣。如果你使用的是目標追蹤程式或者應用程式，你可能不會將其刪除，而是移往已完成項目的清單中，以便享受一下成就感。有些人會用麥克筆劃掉已完成的事項。下班之前，看到許多任務上劃上大叉叉，會讓你感覺美美的。

如果你的清單是手寫的，離開辦公室前別急著扔掉。到了隔天早上，昨天的清單還有兩個用途：一是提醒你昨天完成了什麼，此舉積極而且有益；二是提醒你哪些事項仍有待完成，必須加入新的清單。這對長期案子尤其重要，因為可能一不小心會遺漏在清單之外。有太多創意和方案會因沒能記下而遭遺忘。

你是否曾在惦念辦公室問題時睡去，結果半夜醒來突然想出解決方案？然後早上醒來時竟又忘記了這個點子，想破頭也找不回來？那麼請在床頭放一支筆和一張紙，方便你在夜裡記下這些想法，這樣就不怕起床後想不起來。

索求迫在眉睫

效率以及生產力數一數二的大敵就是干擾。有些干擾合情合理，需要立刻處理，這就如上文提過的，要拿技巧重新排定優先順序。

然而，大多數的干擾無需立刻處理。就算必須處理，也不見得要立刻做。科技發達，卻也徒增我們受打擾的次數。電子郵件、簡訊、手機電話、即時訊息、推特和開會請求等，凡此都是科技讓我們無法躲開干擾的例子，也是舊世代未曾面臨的挑戰。

所有這些干擾的共通點在於，乍看之下似乎十萬火急。就算有些可能確實緊急，但很可能大部分並不是。如果某一件事看起來很緊急，一般人很容易就會優先處理。它會突然迅速攀升到你任務清單或者目標清單的最上端，但實際上，它可能根本不應該出現在那位置。短短幾秒鐘內，它破壞了你所有細心規劃出來的優先排序。這就是所謂的「即時暴虐」（tyranny of the immediate），也就是說，看似緊急的事物限制了你的行動。

要想成功並保持專注，就要記住，絕對不要讓「即時暴虐」牽著鼻子走。看到突然跳出來的簡訊，你要謹慎以對，不要讓它突然霸占你一整個下午。在你騰出時間處理前，先問自己：「這個問題應該排在我的任務清單中的哪一類，A類、B類還是C類？或壓根連排上去的資格都沒有呢？」你很容易像救護車駕駛一樣對新挑戰作出反應，也很可能讓你興奮起來。但在付諸行動之前，確保那是你真正需要處理的事。不要淪為「即時暴虐」的犧牲品。

閉門時段

有些組織會實行一種閉門辦公的辦法，你或許也可以用來規劃自己的日程，以便達成更多目標。例如，辦公室可能會有兩個小時的閉門時段，當中辦公室裡每個人都不去打擾別人，也不會打內部電話，更不會安排任何公司會議。不過，真正緊急的情況仍會迅速處理，客戶或其他外人打來的電話也可接聽。

這個辦法好處很多。這代表你每天有兩小時不接公司內部任何人打來的電話，也不會有人進來你的辦公室。這段時間給你一個自主掌控辦公節奏的機會。如能真正落實，公司內部因科技設備引起的干擾或打斷也應可減少，從而避免「即時暴虐」的問題。

也許不知哪個人週末在辦公室加班時想出這個主意，因為他發現自己在那段時間內的工作效率高於平常上班日。但是此一辦法只有在不中止與客戶或外部人士聯繫的前提下方才可行。這是整個組織都可以利用的好方法。

反思有其必要

每天安排一段安靜時間。雖然你不一定每天都能做到，但撥出放空或反思的時間非常重要，這對你的內在自我助益甚大。此外，看似難以解決的問題，往往能在這段安靜的時刻中找出合適的解決之道。還有一個比單純騰出時間來安靜反思更高的層次，來自麥考密克（McCormick）與卡林奇（Karinch）《從極限運動學到的商業課：極限運動員如何靠聰明的冒險在商業上獲取成功》（*Business Lessons from the Edge: Learn How Extreme Athletes Use Intelligent Risk Taking to Succeed in Business*）一書中所提出的一個強大概念，即所謂的「理念解放」（idea liberation）。這是一種創造力策略，書中提到許多成功的運動員和高階管理人士都採用過這個方法，且其步驟非常簡單：第一步是留意你什麼時候比較容易冒出新點子。這通常發生在干擾比較少，而且大多不是上班的時候。能促使新意浮現的活動經常包括：散步、騎腳踏車、健行、無論何種運動、淋浴、冥想、開車、坐在公園的長椅上或眺望湖泊與海洋。你該明白這個概念了吧？在生活中，有些活動特別容易讓新點子浮現出來。找出哪些活動最能讓你達成這個目標。

第二個步驟是特意讓自己定期身處這些場景中，並準備好記錄萌生出來的想法。但你也許應該放下或者關掉手機，也不要發簡訊或查看電子郵件。

這個方法的前提是，點子其實一直在你腦中跳動。很多創造性思考的關鍵其實只在捕捉它們。當我們總是全神貫注在忙碌時，很少會注意到這些點子。

所以，具體的行動步驟是：觀察自己在哪些情境下最容易產生新想法，然後常常讓自己處於其中，並對浮現的點子保持醒覺，如此一來，你會對所收穫的創意感到滿意。

其他時間管理的小技巧

以下是來自各領域主管的一些建議，可能對你也有幫助：

- 要認清楚，每人每週都只有一百六十八小時，誰也不比你擁有更多的時間，所以如何加以利用才是關鍵所在。
- 為你的專案設置截止日期。這對於容易拖延的人特別有幫助。避免臨時抱佛腳。有些人認為自己在壓力加身和期限緊迫時表現得更好，但如果他們能減少壓力，說不定效果還會更好。他們應該嘗試看看。

✍記住「緊急」和「重要」的區別。我們都會碰上需要處理的緊急事項，但一定要先問問自己，這些事項究竟有多重要。區分緊急和重要的能力對你能否成功至關重要。最好只專注於重要的事。這也呼應了上文提到的「即時暴虐」。

✍試試記下一兩週時間的使用情況。持續撰寫一份時程日誌，寫下你做的每件事。你可能驚訝發現，大部分時間不知用到哪裡去了。如果不分析自己的時間用途，我們就無法更完善地管理時間。或者你也可以問問別人對你如何支配時間有何看法，他們往往能看到你自己忽略的地方。

✍計畫你的日程。最好在前一天晚上就完成這項計畫，而不是等到當天早上再做。這樣，你可以在第二天一開始就知道重點在哪裡。如果等到早上才安排，你可能會分心。不過，不管是晚上還是早上，記得一定要做計畫。

✍規劃你每週的行程。即使你週末也得工作，在週六或週日花幾分鐘做出下週的規劃也很值得。等到你週一上班時，握有一份計畫能讓你受益不淺，而且不管週一早上還是隨後突發什麼幾乎避免不了的事，你都不致亂掉陣腳。

✍遵循七〇／三〇原則。不要把每天的行程安排超過七〇％的時間。要把剩下的時間留給並非計畫中的任務、他人的緊急需求或其他的突發狀況。如果你把一天的每分鐘都安排得滿滿的，一旦無法完成計畫，你只會感到挫折。

- 安排固定的時間來打電話、處理電子郵件或者會客。這有兩個好處：你一次處理完類似的事，這樣可以節省時間，而且別人最終會熟悉你的時間表。
- 不要等完美的時機或心情出現了，才肯處理優先級別最高的事。那樣的時機或心情可能永遠與你無緣。
- 完成優先級別最高的事項後，不妨犒賞一下自己。出去吃頓午餐、提早下班或是打電話給一位你一直想聯繫的朋友。
- 養成準時習慣。準時上班、準時提交工作，同時鼓勵你的下屬也這樣做。在你的部門中，請成為時間管理的榜樣。
- 如果你需聚精會神、避免他人干擾，不妨考慮居家上班、遠端辦公或者挑一個不會有人猜到你會去的地方（例如鮮少使用的會議室或空置的辦公室）工作。一件在辦公室裡可能需要幾天時間才能完成的任務，若居家上班有時半天便能處理妥當。

第三十四章
書面表達能力

很多能言善道的人，一旦要把自己的想法用書面表達出來時，常常一籌莫展，這真讓人驚訝又有點好笑。有些人一看到白紙或者電腦螢幕就心生畏懼。那麼，為什麼這種恐慌會壓倒那些看起來本來很能幹又自信滿滿的人呢？讓我們來分析幾個原因吧。

首先是「考試症候群」。有些人一遇到和考試一樣的情境就會緊張。他們面對的就是一張白紙以及自己腦袋裡的東西。他們必須把這些資訊轉化成書面文字，而其「得分」就取決於最後列印出來的內容。

第二個原因是，這些人本身不太閱讀。他們可能只看工作所需的必要資料，而不會為了消遣、個人成長或專業進步而讀書。他們反而花太多時間看電視或上網，而相對於閱讀，這些活動是比較被動的。光看電視或者瀏覽網頁，你不可能從中學到很多有關如何寫好文章的知識。要把寫作學好，最理想的辦法就是多多閱讀。當然，不能把一切社會的不是都歸咎於電視和網路，但這兩者確實剝奪了很多人的閱讀時間，而這又反過來影響到他們的寫作能力。此外，電子郵件和簡訊的出現也沒有幫上忙，因為這些書寫形式大多斷斷續續，充斥著不完整的句子和各式縮寫。

此外，除了發電子郵件和簡訊，現在大家很少寫作，所以一旦需要寫出一篇長文或者給別人手寫一封信，往往感到壓力重重。這就類似公開演講。如果你很少在公眾場合發表演講，可能會對這種場合感到害怕。一旦感到害怕，你就無法放鬆；這時你會感到緊張，說話方式也變得生硬、不自然。這會讓聽眾察覺到你的不安，甚至可能替你感到尷尬。你的表現會削弱他們對你的信任，甚至影響他們對你所要傳遞之訊息的信心。

寫作也會發生同樣情況。如果你對寫作一事感到害怕，你的文章就會顯得呆板、不夠順暢。在這種情況下，你可能採用更正式的文體來掩蓋這種不安，甚至會用一些你和朋友聊天時永遠不會用的詞彙。

相關書籍和課程會教你如何撰寫商務信件和內部備忘錄，這些對你大有幫助。如果寫作對你而言是個挑戰，或者你想寫得更好，那麼尋求相關訓練或書籍的協助絕對值得。如果你能清楚且有說服力地表達想法，成功機會必會更大，職涯發展也將更為順利。

多說故事

如果你想表達一個觀點，不妨考慮說故事的辦法。故事甚至比起條理清晰的論據更具說服力，也更容易讓人記住。人類天生愛聽故事。這就是為什麼出色的演說的家幾乎總用故事來強化自己的觀點。你可能已經注意到，本書的一些觀點也是藉由實例（本質上就是故事）來鞏固的。你記住的實例可能多過其他內容。比如，新加坡的飯店、學西班牙語的團隊成員以及鳩尾榫工法等等，都是利用故事來陳述觀點的例子。

讓想像力起飛

提升寫作技巧另有一個最佳方法：讓想像力起飛。可不要被空白的螢幕或紙張嚇到，設法在腦海裡想像你寫信的對象。想像那個人坐在辦公室舒適的椅子上，喝著咖啡讀你的信。或者，不妨想像自己坐在咖啡館裡，當面把訊息告訴對方。

想像你正和某人在友善的氛圍中聊天。現在請寫下你想說的話。如果你平時不會用上一些四個音節的詞彙，那麼下筆時也應該避開。心理學家告訴我們，那些寫作愛用華麗詞彙來讓別人產生深刻印象的人，實際上可能是自卑感在作祟。即使你對寫作沒有把握，也別自曝其短，把它擱在心裡就好。

在你想像和對方交流時，總要想像對方的臉和善可親。即使你在給一個看著礙眼的人寫郵件，也要想像對方是個朋友。字裡行間千萬別讓敵意浮現，因為這種感覺極易洩露。想像一張友善的臉，這樣你的文字會透出親切、溫暖的語氣。

現在讓我們想像較廣的場景：發送一封郵件給你團隊或部門裡的所有人。你大可不必想像有四十五個人坐在禮堂裡等著聽你講話，這種情境太過正式。除非你是個非常出色又自在的演講者，否則如此想只會讓寫作風格顯得拘泥僵化。相反地，想像自己和兩三個最合得來的同事一起喝咖啡或吃午餐，對他們說出你想說的話。這就是你應該寫的內容。

如果你寫郵件給其他部門的幾位主管，也不妨輔以類似的腦海畫面。如果你需要向公司總裁繳交一份進度報告，可是對方讓人有點望而生畏，那麼想像他的臉孔只會弄巧反拙。你就換一下吧，想像一個不會令你緊張的人，然後把對方想像成總裁。這樣寫出來的報告語氣會完全不一樣。

不要寫得太正式並不代表可以使用不完整的句子或錯誤文法。有些受過良好教育的商界人士寫出的郵件教人不敢恭維，當年教過他的國中老師要是讀了，恐怕要掩面嘆息。許多公司專門提供內部職訓課程，教導員工如何寫出得體郵件。寫郵件時，請確定你的文法和拼寫正確無誤。有些郵件可以簡潔，且不特別講究文采，但這並不意味可以把字拼錯或者寫出結構欠佳、不完整的句子。此舉會讓你看起來不夠專業，給人馬虎應付的印象。

有時電子郵件必須寫得出色。通常是在你想要說服對方，而且可能很多人都會讀到該封郵件的時候。務必記住，電子郵件不僅代表你自己留給別人的印象，還有可能永久保存起來，也可能轉發無數次。一封寫壞了的郵件可能傳到你從未謀面的同事手中。你總不希望有一天對方見到你時，只因讀過你寫得不好的郵件，就對你產生人如其文的印象。反之，一封得體郵件會讓你看起來很有思想、專業又具說服力，這樣有助於提高你的聲譽。

如果你對自己在書面溝通中使用的文法或遣字用詞沒有把握，不妨學一些基本的文法知識。其實並不難學，而且絕對不會讓你覺得負擔太重。買一本便宜的文法書來讀，或去當地的大學或高中上一門文法課程，這樣你將獲益不淺。翻翻詞典或逛逛同義詞網站，如此也能幫助你在寫作時找到適合的詞彙。不要依賴助理或同事來幫你修改文字，這樣絕不會讓你真正提升重要的寫作技巧。

還有一個原因促使你應該確保文章中的文法和拼字正確無誤。如果筆下會犯錯誤，那麼你可能在正式講話甚至日常交談中也避免不了。萬一真是這樣，將會對你未來的成功和晉升機會產生不良影響。

所以，書寫和說話時盡量正確表達，認真看待你的語言，展現出自己最好的一面。務必記住，寫信時要想像收件人很友善，這點極其重要。

第三十五章

善用小道消息

這一章可以下個副標題：「最有效的溝通」。

任何超過五個人的組織，都有小道消息。小道消息之所以存在，是因為人們會彼此交流，而且很想知道發生了什麼事。如果不知道，就會開始猜測。誰也無法杜絕小道消息，所以不如接受這一現象，並且明白它的影響遍及整個組織。因為它本來就存在，因此沒有必要評價是好是壞。關鍵在於了解它的運作方式，這樣你才不會遭殃。

可以把小道消息想成組織內的「第二條溝通管道」，而且在許多情況下，它甚至比正式的溝通管道更有效率。如果說正式的溝通方式（像是公告、電子郵件或公司內部網站的貼文）是一條高速公路，那麼小道消息就是旁邊的「替代道路」。這兩條路都通往同一個目的地，但有時候，走替代道路的車竟然比走高速公路的車更快到達目的地。有時，你會塞在高速公路上，眼睜睜看著替代道路上的車快速通過。同樣，小道消息有時會比正式溝通更快傳遞訊息。

主管要避免淪為小道消息的受害者，其中有個方法就是做好溝通。清楚且有效地傳達資訊，可以降低小道消息散播錯誤消息的機會。當然，組織內部一定還是免不了猜測和流言，但如果你知道如何有效溝通，就可以盡量讓人不要胡亂猜測。你無法完全根除小道消息，那就接受這個事實吧。

小道消息甚至會在下班後透過電話或電子郵件傳播開來。舉個例子，晚上可能會收到這樣的電子郵件：「你還沒有聽到最新的消息吧？聽說你下午去看牙醫了。你絕對不相信，事情是這樣的……」然後這段話還會一直傳下去。

新手主管可能會對如下這個故事感同身受：有幾位某商業銀行的新手主管想測試小道消息到底能傳得多快。他們知道其中的一個關鍵人物在五樓，於是推派一位主管上去，告訴對方一件聽起來荒謬但勉強可能發生的事。之後，那位主管便回到一樓自己的辦公區，整個過程不到十分鐘。等他一回到座位，祕書立刻對他說：「你一定不相信我剛剛聽到的消息！」他隨即重述了這位主管剛剛在五樓散播的謠言，還加碼做了些「創意加工」。

適時利用小道消息

身為主管，你可以透過小道消息來「接收」和「傳遞」訊息。如果你與下屬關係良好，他們會告訴你公司內部發生的事，甚至有些人會搶著向你爆料最新消息。

你也可以透過小道消息傳播資訊。這種方式有時確實很有效率。不過千萬注意，一旦資訊進入小道消息網路，你就無法掌握其準確性。因此，主管還是應該優先採取直接溝通的方式，以免小道消息在傳播過程中被加了油添了醋。

如果你想測試某一消息的傳播效果，首先要選擇合適的傳播對象。先問自己：「如果要讓某個訊息以最快速度傳出去，應該告訴誰？」答案是組織內部的「關鍵人物」（俗稱「八卦中樞」）。只要把訊息告訴這個人，很可能會在你剛離開他桌邊時就開始流傳。

要讓小道消息迅速傳播開來，最有效的開場白是：「這件事千萬別跟別人說，但是……」或者：「這是一等一的機密消息，不要外傳……」此舉幾乎保證消息立刻傳遍整個組織。務必記住，如要某事「完全保密」，唯一可行的辦法就是不要告訴任何人。

第三十六章

妥善授權

這一點再怎麼強調都不為過：身為主管，學會授權並善用這項不可或缺的工具至關重要。妥善授權之後，你可以節省執行任務的時間，只需專注於管理和領導工作。授權並不是把工作隨便丟給別人。真正的授權是將自己目前在做的某一項工作委派給下屬，幫助對方提升技能，並讓組織運作更有效率。隨便丟工作給下屬等於在說：「我太忙了，這事你來做吧。」千萬別把這種做法誤當授權。

授權有何好處？

授權的優點有許多。**下屬可以學習新的技能，獲得成長機會，並更在意組織能否成功，這將提高其積極態度與動力**。對於企業而言，授權能夠降低成本，因為公司內部原本只有你會做的工作，現在還有其他人會做了。對你來說，授權讓你能夠專注於價值更高的任務，充分發揮你的時間以及才能。

此外，**授權還能幫你拓展視野**。一位成功的主管必須能在挑戰與機會來臨前就察覺出來。可是如果你總在埋頭處理瑣事，就難以看到未來的發展。授權能讓你跳脫這些「框框」，不再被日復一日的重複性工作困住，讓你站得更高、看得更遠。

最後，**授權還是你手上數一數二強大的培訓工具**。讓員工去上課學習新的技能固然不錯，不過真正讓他負責一項實際任務，面對其中各種挑戰，那麼他所獲得的成長與專業發展，遠比任何課程要來得多。

為何新手主管不願授權？

既然授權的好處這麼多，為什麼很多主管卻不太願意嘗試？第一個原因是他們不知道該如何著手，畢竟授權是一項需要練習的技能。其次，有些主管缺乏安全感，擔心員工做得比自己還好，或者擔心員工會說：「凡事他都推給我們，那他整天到底在忙什麼？」還有些主管單純太喜歡自己的工作，所以不願放手讓別人代勞。但最常見的原因是對結果沒把握。自己親身來做，可以確保每個細節都能符合標準，最後成果會是什麼，自己心裡也有個數。但是交到別人手裡，結果可能和自己預期的不同。

然而這些都不該成為拒絕授權的正當理由。唯一真正不能授權的情況是：上級明確禁止，或者你打算交辦的下屬尚未準備好，或者他的工作負荷已經太重。

哪些事項不能授權？

即使是執行長，有些事情還是應該親自處理，比方員工績效考核、薪資調整、正向回饋、指導輔導、懲處及解僱。面試倒是例外。讓團隊成員參與面試不但能讓他們學習，還能收穫不同觀點。此外若涉及機密事項，如公司裁員計畫，也不應委派下屬處理。身為主管，你應具備「授權意識」，凡是能授權的就盡量授權，以便騰出時間做更重要的事。

授權對象

基本上，你可以把工作授權給任何下屬，但要根據對象的能力和經驗調整辦法。同時請記住，不要因為某些下屬能力出眾，就不斷把任務交給他們，否則可能導致他們疲憊不堪，甚至離職，讓你失去優秀人才。對於經驗較少或技能不足的下屬，務必清楚說明工作內容，而且比起資深員工，更須頻繁追蹤進度。此外，即使某位下屬在先前委派給他的任務中未能達標，也可以再給他一次機會，讓他重拾信心。同樣，對於經常出問題的員工，交付新挑戰或專案可能會讓他們改變工作態度。

授權步驟

以下是授權時可參考的步驟，看看這個流程是否適合你：

1. **評估哪些工作可以授權**：先分析自己手上的任務、專案或日常工作，思考哪些可以授權下去，並評估這些工作的內容、所需時間及資源等因素。
2. **挑選合適員工**：考慮誰對這個機會最有興趣、誰有時間、誰的技能合適（或能透過該次機會加以培養）以及誰曾主動要求擔負更多責任。
3. **詳細說明任務內容**：確定人選後，與對方當面溝通，盡可能清楚說明細節，同時讓他了解承接這項工作的好處。如果對方經驗較淺，則需要提供更多指導與細節。
4. **達成共識，確認目標與時程**：這是最關鍵的一步，必須以書面方式確認工作目標和完成時限。可透過後續電子郵件記錄雙方共識，確保任務內容及期限清楚無誤。對於較複雜的任務，還需設定多個進度檢查的時間點。將工作授權出去時，確保目標清晰至關重要。
5. **確認追蹤方式**：最後，討論如何監督進度，確保下屬朝著正確方向前進。

避免苛求完美

很多主管不願意授權，最常見原因是擔心結果不如預期，因此我們需要進一步討論完美主義的問題。許多人誤以為追求完美是個優點，然而事實並非如此。拿高標準看待事情確實是個正面特質，但追求絕對完美則不同。所謂完美主義，通常指「凡是不夠完美就無法接受」。但請想想如下幾點：所謂的「完美」幾乎不存在，任何成果幾乎都能挑出缺點。要求員工達到你心目中的完美境界，會讓他們毫無發揮的空間。

如果在委派工作時，你已把細節規定得一清二楚，對方可能不會有什麼動力去做，因為你等於只把他當成機器人，讓他照著指令執行。此舉不僅會讓員工失去熱忱，還會錯失他們的經驗、觀點和創意，而這些往往與你的想法不同，可能帶來更好的結果。

想成為成功的授權者，你必須接受並欣賞如下事實：員工完成任務的方法，可能與你的不同。譬如設定一個抵達遠方目的地的時間，但允許對方選擇自己的路線。當然，如果你知道某些路線有問題，可以提醒對方，但是最終應該相信他的判斷。如果你無法信任他的決策，那麼這個人可能並不適合接下該項任務。另外，如你希望工作成果無懈可擊，也該仔細分辨：有些工作成果確實需要接近完美，但是許多工作則不需要。學會分辨哪些任務要求高度精確，而哪些則可接受一定的誤差，才能有效提高工作效率。

在此舉個例子。假設你必須向公司董事會做簡報，以爭取新計畫的資金挹注。這種層級很高且重要的任務確實需要拿出最佳表現。雖然無法做到絕對完美，但是在這種情況下，追求完美是合理的。因此，你可能會投入大量時間準備、練習，甚至模擬如何回答可能的提問。相比之下，假設你今天只是要向團隊介紹一套新的作業流程。雖然這任務也很重要，卻不需要達到近乎完美的水準。因此，你不必像準備董事會簡報那樣投注同樣多的時間。如果你發現自己仍想投入相同的精力，那就需要誠實檢視自己對完美主義的執著。

核心策略在於投入剛好足夠的精力來達成可接受的結果。在你評估所需的努力程度時，務必記住：追求近乎完美可能讓你多耗費兩到三倍的時間。然而你的時間有限而且珍貴，應該明智運用，而非浪費在不必要的追求完美上。

避免「向上授權」

別讓下屬把他們的工作推回給你。有時他們會說自己太忙、工作太難，或者你比他們更加擅長處理。如果遇到這種情況，你可以協助他們完成工作，或者找專業人士幫忙，但不要直接接手。身為主管，你的職責是培養團隊，而不是成為他們的「救火隊」。

展望未來

授權辦法對你、你的團隊，甚至整個組織都有好處。它對於你身為主管的成長至關重要。如果你不懂得有效授權，將會嚴重影響你的職涯發展。因此，開始思考有哪些工作可以在今天、明天或未來某個時刻委派出去。學習如何授權，然後付諸行動，這將讓你和你的團隊都受益良多。

第三十七章

幽默的藝術

許多新手主管都太嚴肅了。生活本來就充滿挑戰，有時甚至讓人感到沉重。如果沒有幽默，日子可能變得難熬。因此，新手主管應該學不要太過認真，並且培養幽默。

我們常常太過認真，這是因為身處的世界變化快速，讓人時刻緊繃。我們把日常工作看得很重要，因為這是自己最熟悉的事情。因此，辦公室裡發生的每件事都顯得格外重大。我們當然應該盡力把工作做好，但只要確定自己已經做到最好，就不該過度擔憂。關鍵在於「確定自己真的盡力了」。最嚴厲批評我們的人經常是我們自己。

當然，我們的工作很重要，否則也沒有人願意付錢給我們來做事。但我們必須把事情看得更全面一點。在辦公室裡，做好工作或許很重要，對我們的同事或客戶來說也可能很關鍵，但如果放到整個人類歷史的尺度來看，可能就沒那麼重要了。如果你今天過得不順，覺得一切都毀了，那麼請記住，一百年後，有誰會在意？所以，為什麼要讓這些事毀了你的一年、一個月、一個星期，甚至是一個晚上呢？工作很重要，但我們要學會放寬視野，別過度執著。

英國作家賀拉斯．華波爾（Horace Walpole，一七一七—一七九七年）曾說：「對於習慣動腦的人，人生是齣喜劇，對於習慣感情用事的人，人生是場悲劇。」

如果你足夠幽默，就比較不會太過嚴肅看待自己。幾乎每個人多多少少都具幽默，有些人比較強，有些人比較弱。不過，即使你覺得自己不夠幽默，還是可以培養的。

培養幽默

這裡有個好消息：許多公認為幽默、機智、很會搞笑的人，其實並不真的具備這些特質。他們只是記憶力很好，能快速回想起曾經聽過或讀過的搞笑題材，然後在適當的時機說出來。久而久之，他們就獲得「很幽默」的名聲。這確實是一種幽默，但不一定是創造性的幽默。這有點像「絕對音感」和「相對音感」的區別。有人天生擁有絕對音感，但相對音感則可以透過訓練加以培養。

同樣，你可以透過閱讀、觀賞喜劇電影、研究搞笑技巧來提升自己的幽默。觀察那些以有趣著稱的電視名人，學習他們的技巧。還可以觀察擅長「口頭逗樂」的人。反之，像把奶油蛋糕扔人臉上或者踩到香蕉皮摔倒這類「視覺笑點」，在辦公室或日常社交場合通常派不上用場。因此，學會將幽默用於適合的場景更為重要。

提倡歡笑

身為主管，除了培養自身幽默，你還需要營造一個充滿樂趣、鼓勵歡笑的工作環境。如果職場氛圍輕鬆有趣，員工的出勤率會提高，工作效率也會更好。這裡有幾種可以讓團隊更快樂的方法：

- 每次開會前，先講個笑話，或者讓下屬輪流分享笑話。
- 設立「歡笑專區」公告欄，讓下屬貼上漫畫、搞笑圖片或笑話，讓大家隨時看得到。
- 有位加州的主管把儲藏室改造成「歡樂室」，裡面放了一台ＤＶＤ播放機和一些喜劇影集。一旦他自己或下屬需要放鬆，就進去看個幾分鐘，然後笑呵呵地回座位辦公。

你不妨試這些方法，或者找出適合自己團隊的招數，以便讓工作環境更為輕鬆有趣！

幽默，而非諷刺

在辦公室，「冷面笑匠」這種幽默風格可以接受，但成為小丑就不合適了。大多數人都能分辨其中差別。風趣機智是一回事，裝瘋賣傻則是另一回事。不過還要提醒一點：如果你在辦公室裡從未說過什麼幽默的話，現在突然開始頻繁開起玩笑，同事可能會檢驗水裡是否加了什麼料。

很多人誤把諷刺當作機智。有些諷刺確實能讓人發笑，但這樣做會出現兩個問題。第一，別人可能因此認為你憤世嫉俗，而管理高層通常不欣賞這種特質。第二，諷刺往往以貶抑他人為代價，而你應該不希望讓人覺得你專拿別人的弱點或怪癖開玩笑。更重要的是，你不想因為一句話得罪別人，甚至樹立敵人。展現幽默不要以損人為手段。換句話說，不要用任何可能傷害別人的方式來開玩笑，否則你會顯得心胸狹窄又缺乏安全感。

最好的幽默是自嘲或者不帶攻擊性的幽默。拿自己或自己的小缺點開玩笑，不會冒犯任何人，還讓你顯得風趣。如果你喜歡跟人相互調侃，這可以很逗趣，但不是人人都能掌握分寸技巧，因此新手最好避免。

幽默，緩解緊張的好幫手

情況變得緊張和混亂時，往往最能凸顯幽默的價值。一句恰到好處的幽默話，可以緩和氣氛、釋放壓力，就好像打開壓力鍋的蒸汽閥一樣。面對壓力之際，能看出其中的有趣之處是件好事。即使在不適合開口說笑的場合中，心裡默想個笑話，也能讓你露出微笑，避免緊張情緒壓垮自己。

日常生活天天充滿有趣的事，但需要我們用心去發現。就像我們四周有眾多美好事物，但是如果你不主動尋找，就很容易錯過。不過，只要多加練習，你會漸漸發現，幽默其實無處不在。

最後，為什麼我們不應該把人生和自己看得太過嚴肅？還有一個重要理由：反正最後塵歸塵土歸土。記住，從來沒有人想在墓碑上刻下：「當年應在辦公室多待一會兒。」

第三十八章

會議管理

在第三十三章中，我們提到有些公司會設置「閉門時段」。在這段時間內，辦公室的人員不會互通電話，也不開會。這樣可以讓大家每天享有一段不受打擾的時間。說句實話，如果所有的企業和政府機構一年內都禁止兩人以上開會，整個國家的生產力必將大幅提升。開會成本很高，因為與會的人都須暫時放下手邊工作。因此，決定召開會議之前，應該先考慮是否有其他替代方案。如果只為傳達訊息，用附上相關文件的電子郵件即可。如果是要討論並做決策，依然可能不需開會。你可採用線上文件，透過留言功能進行討論。這方式或許無法完全取代最終的決策會議，但至少能讓會議更簡短、更有效率。如果只是單向傳達資訊，通常不需開會，除非參與的人彼此素未謀面。在這種情況下，偶爾舉辦一次實體會議倒是有好處的。

開會成本

開會成本是否能夠帶來相應效益？假設你準備召開一場共十人參加的會議，目的在於了解上週新流程實施的情況，同時處理一些待決事項。這場會議預計花兩小時，讓我們來算算成本。假設與會者的平均年薪為八萬美元，以每年五十個工作週計算，每天的薪資約為三百二十美元，每人兩小時的成本就是八十美元。將這個數字乘以十，總共就是八百美元。此外，還要加上會議室租借費、茶點咖啡的支出等。如果有些與會者要專程前來，時間成本會進一步增加。因此，在開會前，請再自問：「這場會議花的成本真能帶來相應的效益嗎？」如果答案肯定，那就開吧；如果不是，試試其他效率更高的替代方案吧。

提前通知

為讓會議更有效率，在會議前幾天就將議程發送給與會者，不失為一個好辦法。沒有事先準備就開會常徒勞無功。雖然有些會議是臨時召開，但已安排的會議應該要有議程。

如果只有你一個人清楚會議內容，可能讓你覺得有優越感，但這樣其實會影響會議品質。議程應該列出所有將討論的主題，以及每個主題預計花的時間。盡可能按計畫進行，以確保會議能準時結束。沒有什麼比延長開會更讓人不耐煩的。

如果快接近結束時間了，卻還有沒討論完的內容，你可以讓與會者決定是否延長會議、安排另外一場會議或把未解決的問題留待日後處理。在這種情況下，迅速調整議程，優先討論最重要的事項，這樣也是辦法。

讓不同的與會者負責不同的議題，如此能讓他們更加投入，並培養其帶領和主持會議的能力。你還可以請與會者提供建議，列入未來會議的討論內容。畢竟，你可能無法掌握組織內所有的問題和機會。

此外，開會務必準時。讓大家空等著開會等於浪費資源。如果你養成準時開會的習慣，大家也會注意並變得更準時。而且，你也不希望任何與會者覺得自己不夠份量，只配等其他人到場後才開始。

在安排議程時，另一個重要的原則是應把最重要的事項排在最前面。你可能參加過太多這種會議：前面花大量時間討論次要事項，結果導致最重要的內容沒時間講完。想避免這種情況，就要先處理關鍵議題。

主管犯的錯誤

許多剛開始主持會議的主管會覺得自己必須對每個議題發表意見。但是其實，除非你的發言有其意義才需表達想法，否則不必為開口而開口。與其事事發表意見，不如發表幾個經深思熟慮的觀點。讓高層主管認為你是有見地的人，總比讓人覺得你只一直發言但沒有實質貢獻來得好。

當然，另一種極端情況是整場會議完全不作聲，這同樣不對勁。這可能讓人覺得你害怕發言、沒有貢獻或根本不在乎該場會議。這應該不是你想留給別人的印象，即使你真的有點緊張，也不要讓人看出你在冒汗。第三十九章談到公開演講，那些建議可以幫助你克服這種情況。

另外，絕對不要在會議上批評自己的下屬，否則別人會認為你對團隊不忠誠。主管應該專注解決問題，而非指責個人。有些主管因在高層主管面前公開批評下屬，結果導致自身職涯受到影響。這和不恰當的幽默一樣，最終都會讓你顯得不夠專業。

有些主管把與高層開會的場合當成展示自己能力的舞台，這本身沒問題，但關鍵是方式。如果你的目的在於和同級別的主管競爭、搶風頭，那就錯了。你應該專注成為一個有貢獻的團隊成員，而非為了自我表現而貶低別的主管。

另一個常犯的錯誤是，主管在討論議題時先觀察上司的態度，然後再順著對方的立場表態。他們認為這樣可以贏得上司的認可，但事實上，大多數上司一眼就能看穿這種伎倆，反而會認為該主管缺乏主見。如果你對某個議題有不同意見，應該用有理有據的方式表達，而非一味迎合。如果所有人都附和上司，那麼根本沒有必要開會。

許多主管缺少勇氣，不敢表達與上司不同的意見。然而，多數情況下，勇於表達經過深思熟慮的不同立場，比單純迎合上司更有助於個人的職涯發展。有些高層主管甚至會故意拋出一個錯誤觀點，看看誰會盲目跟從，然後再認同那位敢於提出正確意見的人。（畢竟，大多數高層主管都不是傻子，否則也不會坐到今天的位置。）

任何主持專案或會議的高層主管，在面對階級較低的成員時，最好先讓大家表達意見，再說出自己的立場。例如，某家公司的總裁負責領導一個由七人組成的企業重組專案團隊。這位總裁很聰明，她先讓團隊成員發表意見，最後才說出自己的想法。此舉避免了員工為了討好總裁而盲目附和，也讓大家不用擔心自己相異的看法不受歡迎。

一位好的高層主管並不需要員工或團隊成員刻意迎合自己。這種做法還可以讓新手主管學到一件事：表達不同觀點可以接受。不過，也有些主管嘴巴上說自己不喜歡唯唯諾諾的下屬，但實際行動卻兩碼子事，導致團隊變成毫無主見的橡皮圖章，只是替主管撐撐場面罷了。這種情況只會浪費企業和管理階層的時間。

參與專案團隊有何優勢？

有時，別人很可能邀請你加入專案團隊。你通常可以選擇接受或拒絕這種邀請。選擇加入哪些專案團隊或者委員會時，應該謹慎考量，因為這些額外的工作會占用你的時間，影響你的主要職責。不過，參與專案團隊仍有許多好處：

首先，有人認為你能夠為團隊帶來貢獻，否則他們也不會邀請你。因此，如果決定加入，就應該好好把握這個機會，發揮自己的才能。

第二，你可能接觸到組織內許多部門的主管和管理高層，這些都是寶貴的人脈，有助於拓展你的眼界。

第三，你可能有機會參與超出自己職責範圍的決策，這點能幫助你更全面地認識整個組織，同時讓你了解自己的團隊如何融入更大的組織運作。

如何主持會議

讓你主持會議，這意味對你的肯定，代表有人認為你具領導能力，或至少有這方面的潛力。不要躲避這個機會。主持會議最理想的訓練，就是以前曾出席的那些組織不完善的會議。大多數會議都開得太久，讓人懷疑有些人是否覺得開會比工作輕鬆。然而，會議拖太久的主因其實往往在於事前缺乏良好規劃以及主持沒有效率。

除上文談到的提前發送議程，你還可以在會前分發上次會議的紀錄。這樣，大多數人會在開會之前行先閱讀，然後會中只需做出些微調整，就能迅速通過。相較之下，如果與會者在會議中才開始閱讀紀錄，可能會浪費幾分鐘，甚至陷入無止盡的細節討論。

議程通常會標明會議開始的時間，但是如果也註明預計結束的時間，會議的節奏將更加緊湊。與會者要是知道會議何時結束，他們會更專注於討論重點。

大多數會議都沒那麼正式，很少需要你精通議事規則。一旦遇到較正式的場合，你可能需要熟悉《羅伯特議事規則》（Robert's Rules of Order）。雖然手邊備著這份參考資料不失為好主意，但實際上很少真正派上用場。在你參加的商務會議中，除了偶爾開開玩笑，應該幾乎沒遇過有人認真提出議事規則的問題。

主持會議的過程中，應以常理法則為主，保持冷靜，別讓任何人激怒你。對所有與會者都要保持禮貌，避免貶抑他人。你的角色是協調人，而非獨裁者。確保討論聚焦於議題本身，讓每個人都有機會發言，但也要防止話題偏離主軸。務必聚焦於當下既有問題。身為一個公正的主持人，你該避免與會者重複提出相同觀點，以求會議得以高效進行。

不要捲入個人爭端，即使別人這麼做也一樣。要比會議上的任何人都更有條理。和與會者建立良好的關係，讓他們在會前就來找你討論特別的議題，這樣可以避免突發的尷尬情況。對所有人公平，即使是少數人的意見，也要給予應有的重視。多數人的意見不應該在少數人的意見還沒充分討論前就直接略過。如果你能公平對待所有觀點，你將獲得與會者的尊重，讓大家願意分享想法。一個願意接納想法的組織通常會更具創新力。成功主持會議是展現你優秀領導能力的另一個機會。

其他開會技巧

在會議開始時先確立基本規則。這些是大家共同遵守的行為準則，有助於會議順利進行並減少干擾。例如，別人發言時不打斷、評論應針對議題而非發言人、應主持人要求結束發言以及避免私下交談。這些規則能確保會議聚焦於重點並且讓所有人都有機會發言，同時確保討論針對建議本身，而不是發言者個人。建立這些規則十分有用，建議你和與會者一起制定一套適合的規則。此外，應該事先確定開會過程是否允許使用手機或筆電處理簡訊和電子郵件，這部分可以事前透過電子郵件來討論決定，以免浪費開會時間。

讓人記錄與會者的意見，並寫在白板或是掛紙白板上，如此與會者便可以放心，因為他們知道大家聽見其意見並記錄下來，這樣也能避免大家重複發言。如果有人再度提起同一觀點，你就直接指向已記錄的內容，並問他是否有新的補充。

主持會議的過程中，如果多位與會者同時想發言，你可先確認其發言意願，告知對方發言順序，使他們知道自己有機會發言，也能安心等待。對於插話的人，不妨用同樣的方式加以應對，你可以對他說：「我們都想先聽聽夏儂的想法，等一下再輪到你。」

如果討論變成只有兩個與會者在對話，並且與其他人無關，請他們改在會後繼續。如果他們的討論結果與會議主題相關，那麼可以請他們透過電子郵件通知結果或者下次開會再提報告，這樣就不至於浪費其他人的時間。這種情況發生的頻率可能會讓你驚訝，況且當事人通常沒能察覺到自己已經偏離會議主題，只顧談論與自身有關的事情。

在引導討論時，可以在某人發言前先問是否能在兩分鐘、三分鐘、五分鐘或十分鐘內講完（請依情況決定適當時間）。這樣，他就等於同意你的「時間配額」，知道自己必須長話短說。如果他對方說話超過預定時間，可以禮貌提醒：「你已經用掉原本預計的時間，還需要多少時間做總結呢？」這樣可以在尊重對方的情況下提醒他儘快結束發言，確保會議不致超時。

會議結束之前，花個五到十分鐘請大家回饋，討論這場會議進行的狀況，讓你藉以改進下次會議的品質。

務必在議程最上方列出會議的目的與目標。

只邀請真正需要參加會議的人，原則上人數越少越好。此外，與會者不一定要待完整場會議，他們可能只需要參與其中幾個議題的討論。會議時間應盡量縮短，因為大多數人在兩小時後就難以集中注意力。如果會議時間較長，則需安排休息時段，但這可能增加時間成本。會後準備一份行動規劃，並列出各與會者的責任，確保每一個人都清楚彼此的工作內容。

盡量不要開會，同時盡量讓每次會議都簡短且有效率。此舉不僅能提升與會者的參與度，也能讓會議成果更理想。

遠端會議以及視訊會議

你的會議有時會有遠端的參與者透過視訊功能加入。這類會議有其獨特困難，關鍵在於確保開會有其意義並且顧及效率。除非會議非常簡短，否則避免讓與會者僅用音訊參與。音訊會議會讓遠端與會者和現場與會者都無法取得溝通中極為重要的視覺要素。

若要進行遠端會議，務請記住以下幾點基本原則：

- 遠端會議與面對面會議不同，別當成所有人都在同一個房間裡。
- 遠端會議需要更多事前準備。
- 即使使用視訊會議，非語言的溝通仍會受到限制，因此表達方式要更清晰、更具體。
- 留意遠端與會者的時區，盡量安排大家都方便的會議時間。如果免不了有人必須在下班之後參與，那麼應該輪流調整時間，避免總是同一個人受到影響。
- 會前可以先與遠端參與者一對一通話，了解其需求與期待，這樣可以減少在會議中耗費時間澄清問題，以利會議進行得更順暢。
- 有些情況並不適合採用遠端會議。例如開會時間過長、議題過多或是需要自由討論與大量想法交流的策略會議以及腦力激盪，通常都不適合遠端會議。

遵守這些基本原則，你的遠端會議必能更加成功。

- 一如往常，要確定所有與會者都清楚了解會議的目標。一旦有部分開會的人遠端參與，這一點更為重要。
- 事先向所有人分發會議議程、相關資料和基本議事規則。
- 會議只聚焦於少數幾個重要議題。
- 要求遠端參與者選擇安靜的環境，避免背景雜音或是干擾。因此，當地的咖啡館或是餐館並不適合。
- 會議開始之前，先向每一位參與者親切問候，然後請大家依序介紹自己的姓名以及職務。這有助於營造友善氛圍，避免會議變得過於死板。
- 要求所有人關閉手機，或至少調成靜音，具體規範可由主持人決定。如果允許手機保持開機，遠端參與者可能會在會議過程中互傳簡訊，這樣是好是壞，就由主持人來判斷。
- 會議主持人需特別留意，確保遠端參與者能跟上會議進度。這可能意味主持人需要不時向遠端與會者簡要說明對方無法看到或聽到的重要內容，也可以適時詢問他們是否需要進一步說明。
- 如果需要收集意見或者回饋，應該逐一詢問每位遠端的參與者，確保他們都有機會發言。

同時，事先告知他們將受詢問，以避免臨時發言的壓力。

- 會議主持人要確保不會有多個人同時發言。
- 要求所有與會者（無論是現場或遠端）在發言時先報上姓名，攝影機畫面未能顯示對方或者簡報畫面屏蔽視訊畫面時尤應如此。
- 每隔約三十分鐘安排一次短暫休息，以免有人在未告知的情況下突然離場。
- 事先向與會者說明遠端會議的禮節注意事項，有助於依循所設定的規範。這點可能看似多此一舉，然而遠端參與者往往未察覺到自己的行為可能對會議產生負面的影響。

以下是一些有關遠端會議禮節的建議：

- 請遠端參與者提前十五分鐘登入，確認連線正常，並確保會議應用程式可以正常運作。
- 要求與會者專心開會，不要一心多用（例如回覆電子郵件、傳簡訊或上網）。鍵盤敲擊聲很容易產生干擾，為了避免背景噪音，許多人建議以手寫筆記代替。
- 就像面對面開會一樣，視線接觸非常重要。視訊會議的過程中應注視攝影機，而不是螢幕上的自己或其他視窗。
- 穿著得體。雖然不一定要正式的商務服裝，但至少不要穿著睡衣等不合適的衣物上陣。
- 臨時若需離開，請告知主持人，以免影響會議進行。

額外提醒：注意你身後的背景。確保後方不會出現干擾或者與專業無關的畫面，房間雜亂即為一例。如果環境真不適合，可使用折疊式屏風做為背景。此外還要注意房間裡的光線。光線太暗可能會讓你看起來怪異或帶病容，且無論哪種都對你不好。

就算團隊大部分的成員都在同一地點，你仍有可能需要與遠端人士開會。你應該仔細考慮如何讓會議既有效率又讓大家感到舒適。

第三十九章
磨練上台技術

許多能幹的主管在公開演講時卻表現不佳，這點實在令人驚訝。他們一站上講台就顯得呆板、沒自信，甚至才華有限。聽眾因此認定他們在工作上的表現也應該不怎麼樣。這種印象可能並不正確，但如上文討論過的，人們通常依自己的觀察做出判斷。

事前準備

許多主管之所以演講能力欠佳，是因為他們等到真正需要上台說話時才開始準備，但那時候已經太晚了。就算你是全世界最優秀的主管，如果不學會公開演講，那也只是一朵空谷幽蘭。由於很少有主管會事先培養演講能力，因此如果你能學會如何做好演講，就能夠比大多數人更具優勢。

許多人視公開演講為畏途，因此寧可逃避。不只主管，很多人都患「公開演講恐懼症」，而事實上，公開演講在各種恐懼類型中名列前茅。

身為新手主管，你或許可以決定不對外發表演講，但在公司內部卻是難以避免。例如，你可能需要在部門的內部會議上解釋公司的新政策，或者在退休宴會上發表幾句「得體感言」，甚至要向客戶或者董事會做簡報。有時，你的上司可能臨時生病，而你臨危受命，必須代她發言。

許多主管為了避開這種場合，甚至不惜一切手段。他們可能安排出差，好讓自己不在公司，或者特意將休假安排在同一時間。他們甚至可能在一整個職涯中都想方設法避免站在眾人面前講話。可是如果他們能掌握必要的演講技巧，不僅能夠輕鬆應對這些場合，還能將其轉化為自己的優勢。

許多人沒有意識到的是，學習成為傑出的公開演講者，也能提升即興發言的能力。別人突然要求你說幾句話的時候，你會如何應對？演講訓練雖然無法消除你內心的緊張，但至少能讓你不至於因此看起來比實際能力要差。

哪裡可以接受演講訓練？

有三種方法可以幫助你學習如何成為高效的演講者：國際演講會（Toastmasters）、培訓課程以及演講指導。

其中，國際演講會是最普遍、最經濟實惠的方法。國際演講會是一個非營利組織，專門透過練習與回饋來幫助人們提升公開演講以及領導的能力。這是一個成本極低的選項，而且在全球各地都有分會。只要簡單搜尋一下，你就能找到附近的分會，他們的官方網址是www.toastmasters.org。

國際演講會的分會沒有專業的講師或職員，成員都是對演講有共同興趣的人。只需支付便宜的半年會費，就能獲得所需的學習資料，並依照自己的節奏進步。成員彼此支援，不僅義務充當聽眾，還會在你準備好接受回饋時，給予正式評估，推動你更上一層樓。

「即興問答」是國際演講會中一個非常寶貴的訓練。這個環節專門訓練即興發言能力。主持人會隨機點名（通常是當天未安排正式演講的人），要求對象針對一個突如其來的話題，即興發表兩到三分鐘的演說。你只有幾秒鐘的時間準備內容。這項訓練不僅能提升你的演講技巧，還能大幅增強你的自信心。

加入國際演講會的另一個好處是，你可以結識來自當地其他組織的人，這提供了一個很不錯的拓展非正式人脈的機會。而且，國際演講會的分會遍布全球，幾乎可以肯定你能在自己身處的區域找到一個合適的分會。

除了國際演講會，另一種提升演講技巧的方式是參加相關的培訓課程或大學的演講技巧課程。如果你的公司有固定的培訓計畫，通常也會提供演講技巧訓練。此外，許多專業的培訓機構也開設優質的課程。例如，美國管理協會（American Management Association，簡稱AMA），也就是出版本書的機構，每年都在許多地點提供各種演講技巧的研習班。他們的網站址是：www.amanet.org。

第三種方式是尋求一對一的演講指導。你或你的公司可以聘請專業的演講教練，提供個人化的指導與建議。這些專業教練不僅能幫助你提升演講技巧，還能協助你改善演講內容。雖然費用較高，但如果能找到合適的教練，投資是值得的。你的人力資源部門也許能幫助你尋找合格的演講教練。

當然，方法並不局限於這三種。你還可以：閱讀演講技巧相關書籍；觀察專業講者的演講並從中學習；向公司裡擅長演講的人請益，讓對方指導你；租借或是購買演講訓練影片；觀看線上專業演講影片（例如TED Talks）。不過無論學了多少理論，真正能提升的關鍵還是站上台去實際演講。一旦克服猶豫不安，你會發現這是一個能大幅提升自信的過程。

下週演講該怎麼辦？

你可能想：「這些方法都很好，但如果我下週就要上台演講呢？」如果你將在大場合裡演講，那麼以下提供你一些基本的準備要點：

- **確定你的簡報目的，並用一句話寫下來**。這句話不應該太長，而且聽的人或讀的人都要能清楚理解。簡報的基本目的通常有兩種：傳遞資訊或者激勵人心，或者兩者兼具。如果是為傳遞資訊，你可能希望觀眾記住某些重點、學會某個流程，或能實際操作某樣東西。如果目標在於激勵人心，那麼你會希望影響聽眾態度，令其更有動力。請記住這兩個基本方向，並寫出能夠概括你簡報目的的一句話。
- **擬定你的主題大綱**。大多數的研究顯示，聽眾通常只能記住一個主要重點以及三個次要重點。所以，請讓你的簡報內容簡潔有力，不要過於冗長。
- **記住這個簡報策略，並在準備和發表時運用**：先告訴觀眾你要講什麼（開場時說明），然後真正講解內容（簡報主體），最後再總結你講過的內容（結尾）。這個方法雖然不是什麼新招，但卻非常有效。大多數人需要重複聽到某個訊息，才能真正記住。而且，在開場時先大致介紹簡報內容，可以幫助觀眾更容易吸收你傳達的訊息。

✍**準備簡報前，先分析你的聽眾**。了解他們是誰、為何來聽你的簡報、對這個主題的興趣以及理解程度、他們的態度、文化背景、年齡等。知道這些資訊後，你就能更針對性地準備內容。如果你想事先了解觀眾對某個議題的觀點，可以在簡報前打幾通電話或做個線上調查。這些資訊能幫助你更深入掌握觀眾的需求和觀點。

✍**簡報過程中，觀察觀眾的反應**。他們究竟是專注聆聽、微笑點頭，還是顯得不耐煩、困惑，甚至開始小聲交談、玩起手機或者陸續離場？如果觀眾反應不佳，你可能需要調整講話方式，例如：提高或降低音量、加快或放慢速度、刪減內容或者講解更加詳細、改變語氣等等。請隨時根據現場狀況靈活調整你的簡報方式。

✍**如果你使用 PowerPoint等視覺輔助工具，講話對象應該是聽眾而不是投影片**。很多新手主管常犯這個錯誤。視覺輔助工具的作用在於輔助聽眾，而非讓它成為簡報的主角。你的重點應該是你自己，而不是投影片。最能讓簡報變得枯燥、讓你看起來像個新手的，就是站在那裡看著投影片照本宣科。你的投影片應該用來強調重點，而不是當作講稿或筆記卡片。如果你使用 PowerPoint 或類似的工具，每張投影片上的內容應該簡潔扼要，且字體要夠大。最容易毀掉一場簡報的狀況莫過於投影片的字體太小、觀眾看不清楚。我見過最糟糕的例子是，有人把一張幾乎看不懂的試算表直接貼到投影片上，然後站在螢幕前，用雷射筆指著表格中的各項數字逐一解釋。正確的做法應該是從試算表中整理出三到四個關鍵重點，然後簡單明瞭呈現在投影片上。

練習、練習、再練習。如果你事先做好準備，並熟悉自己要講的內容，你看起來就顯得更放鬆，舞台恐懼感也隨之減少。不過，千萬不要死背簡報內容，因為如果你突然忘詞，整個簡報可能變得一團糟。準備幾張簡單的筆記卡片或字體夠大的、列印出來的簡報大綱來提醒自己下一個要講述的重點，這是完全沒問題的。

做好應變準備，隨時調整簡報內容。簡報過程中，任何突發狀況都有可能發生。例如：設備故障，導致你的投影片或影片完全無法播放；又或者你原本計畫讓聽眾分組討論，但場地的椅子不能移動，令你無法執行計畫。如果你沒有備案，整場簡報可能還沒開始就已經搞砸了。一個檢驗自己準備是否充足的方法，就是試著把簡報時間縮短一半來講一次。這樣做有兩個好處：其一，你會更清楚簡報的核心內容，知道哪些部分是最重要的；其二，你可以應對突發狀況，例如你的演講時間臨時縮短，而且這種情況經常發生，尤其是你前面排了一位不遵守簡報時長限制的高層主管，結果壓縮了你的報告時間。

✍ **活力洋溢、生動有趣，要讓觀眾看出你在享受演講**。如果你自己一副提不起勁的樣子，就別指望聽眾反而熱情投入。演講的語氣與音量大小越接近普通交談，效果就會越好。此外，記得微笑！

額外好處

你一共認識多少位擅長公開演講的人？無論在你的組織內部還是外部，可能都屈指可數，甚至一個也沒有。為什麼不下定決心，成為那少數的佼佼者呢？想想這會為你帶來多少機會：不只是公司內部的升遷，還可能讓你在社區和業界獲得領導職位。事實上，展現領導能力的機會往往更容易出現在公司外。這可能會為你開啟什麼樣的機運呢？許多部屬都在等待優秀主管出現。而多數優秀主管都有一個共同特點，那就是能在公開場合自信地、有說服力地發表演講。誰說你不能成為這樣一位領導人物！

第四十章

洞察肢體語言

掌握肢體語言的基礎知識能讓你成為更高效的主管。這裡介紹的只是基本概念，如果你想深入學習肢體語言，有很多出色的書籍可供參考。

即使只掌握基本的肢體語言知識，也能幫助你更準確地讀懂別人的想法，並且有效傳達自己的訊息。簡單來說，肢體語言大致分為兩種類型：開放型和封閉型。

開放型肢體語言能讓人感到受歡迎、放鬆，並產生信任感。你可能遇過這樣的人，他們的微笑、眼神和身體姿勢讓你覺得輕鬆自在，甚至你自己也可能是這樣的人。

開放型肢體語言的例子包括：

- 嘴笑眼也笑，這時眼角會出現魚尾紋（代表真誠微笑）。
- 手勢自然，掌心向外，雙手不要緊貼身體，而是保持合宜距離，且不呈現防禦姿態。

✍點頭和專注的眼神接觸都能鼓勵對方繼續對話。

✍避免焦慮或者自我安撫的動作（如摸頭髮、搓手），展現從容與自信的談話姿態。

✍消除阻隔、障礙，與對方相處時感到自在，互動自然流暢，不需設置任何屏障。

封閉型肢體語言則透露出保留甚至迴避的態度，這類動作和語調往往讓對方提高警覺。如果把前面提到的開放型肢體語言反過來，那就是封閉型的表現了，例如：

✍假笑或皮笑肉不笑，眼神飄忽、與對方沒有真正的眼神交流。

✍雙手緊握或者雙臂緊貼身體，甚至交叉置於胸前，呈現防備狀態。

✍避免眼神接觸，或者帶有敵意直視對方。

✍焦躁不安，例如不停擺弄筆、揉指頭，這可能代表焦躁或緊張。

✍在自己與對方之間設置屏障，例如桌子、電腦、手機，甚至側身而坐或者刻意不要正面面對對方（等於冷淡對待）。

在管理中如何運用肢體語言？不同場合適用不同肢體語言：如果想要與對方建立良好的關係，應該採用開放型的肢體語言，展現友善以及信任。如果想要與對方保持距離（比方讓下屬知道你需要專注或者不希望受打擾），封閉型的肢體語言可能派上用場。但是在專業職場中，這類訊號雖是潛意識的，卻很強烈，對方很容易察覺，必須謹慎使用。

無論你想傳達什麼訊息，都應避免做出自暴緊張的小動作，例如揉手、摸耳朵、撥頭髮、玩紙張或迴紋針、腳不自覺抖動等。這些行為往往是無意識的，然而若不自覺，就可能損及你給人的專業形象。建議找一位信任的朋友或同事，請他們幫忙觀察你無意識的小動作，這樣才能自覺調整自己的肢體語言。

和人交談時，學會觀察對方肢體語言的變化，觀察對方的肢體語言是開放還是封閉，並留意對方這方面的變化。想想自己說話的語速或語調變化或自身肢體姿勢的改變，可能如何影響與你交談的人。

本章只是肢體語言的入門知識，如果對此感到興趣，還有許多書籍等你深入探索！

第六部

成為更好的人

管理不容易，記得也要支持你自己。

第四十一章

應對壓力

許多新手主管自認可以妥善安排工作，並讓自己毫無壓力。然而，壓力是無法完全避開的，它偶爾還是會找上門來。關鍵在於你如何應對。你無法掌控所有發生的事情，但你可以掌控自己對這些事情的反應。

什麼導致工作壓力？

工作壓力的來源數不勝數，每個人面對困難情境的反應也不同。任何對身心造成負面影響的事情都可能帶來壓力。以下是一些常見的工作壓力來源：

- 上司沒給明確指示，或者指示前後不一。
- 工作過程時遭打斷。
- 管理高層頻繁更換。
- 裁員。
- 職場生態。
- 業績壓力。
- 私人問題帶進工作。
- 電腦故障。
- 工作優先順序經常改變。
- 公司合併。
- 組織重整。
- 時間壓力。
- 時間管理不當。
- 加班時間過長。

相信你對這些壓力來源應該不感陌生。

一些慰藉

這個有趣觀點，可能會讓你感覺初任主管的壓力沒那麼大：一旦累積足夠經驗，那些曾讓新手主管倍感壓力的事，大多變得稀鬆平常，甚至讓你覺得有點無聊。這也說明，造成你壓力的或許並非情況本身，而是你的應對以及經驗都不足夠。這個差別看似細微，但其實很重要。回想你學開車的情景吧。剛開始才坐上駕駛座你可能就緊張不已。隨著經驗累積，開車變得像刷牙一樣自然。情境沒有改變，但你的經驗和應對方式改變了。

如何應對壓力，這會成為你的管理風格。有些主管在面對壓力時，就會陷入沉思，眉頭深鎖、一言不發。然而，這種緊張氛圍會影響身邊的團隊，讓大家都跟著焦慮起來。而那些能夠在壓力下微笑、保持愉快態度的主管，則可帶給團隊信心。

一旦身陷緊張焦慮，你思路會變得混亂，這樣問題反而更難解決，進而形成惡性循環。除此之外，別人還會評價你的表現，這又平添一股壓力。告訴自己「別緊張」就好比叫別人「別擔心」一樣，說來容易，做起來難。有人認為，壓力可以激發潛能，正是所謂「疾風知勁草，烈火見真金」。這句話倒沒錯，不過前提是你要先克服對壓力的恐懼。否則，恐懼就像一個狹窄漏斗，會讓壓力變得更難承受。

應對問題，而非應對壓力

想要成功，你必須將對壓力的恐懼轉化為對挑戰的應對。如果你是主管，經常面對壓力情境，這裡列出七個建議：

1. **別讓事情越變越糟**。不要因為驚慌而衝動行事，這可能會讓問題變更嚴重。
2. **請深呼吸，保持冷靜**。做幾次深呼吸，設法讓自己放鬆。即使心裡焦慮，也要放慢說話速度，這會讓周圍的人安心並使其認為：「他不慌張，所以我也不該慌張。」
3. **先處理最關鍵的事**。把問題縮小到兩三個關鍵點，先解決這一些，降低當下的緊迫感，然後再有條理地處理剩餘的部分。
4. **分配工作**。先把任務主要的幾個部分分配給團隊成員，分別處理之後再行整合，以求減輕個人負擔。
5. **尋求建議**。向團隊以外的資深同事或團隊中有經驗的下屬請教意見，聽取不同想法。
6. **保持理智**。專注於解決問題，而非自己的情緒反應。
7. **想像你是睿智的領導人物**。把自己想像成一位冷靜且果斷的領導人物，並盡全力扮演這個角色。時間久了，你就真的成為這樣的人。

相信己身能力

身為主管，你需要處理比過去更棘手的問題。如果這些問題都很簡單，那麼任誰都能解決。而你之所以站在這個位置，是因為有人相信你有能力解決這些難題。隨著你在職場上的職位越升越高，問題看起來也會越來越複雜。但要記住，經驗會讓你越來越得心應手。等你擔任主管職一段時間後，你面對問題的反應，會比剛開始時更加沉穩。事情會變得越來越順利，而你的能力也跟著不斷提升。

剛開始當主管，光是擁有這個頭銜就會造成壓力。這就是為什麼許多新手主管看起來總是緊張兮兮的，彷彿全世界的重擔都壓在他肩上。雖然想要全力以赴、表現出色是值得肯定的，但是過度緊繃反而會影響工作的成效。你的職責在於管理團隊，引導大家完成工作，達成目標。但說到底，你的角色畢竟不是帶領士兵衝出戰壕，端著刺刀、穿越雷區去與敵人肉搏。

給新手主管最好的忠告就是：「放輕鬆吧！」

第四十二章
生活平衡

初任主管之際，很多人會全心投入新的工作，幾乎每分每秒都掛念職場上的事。這種投入精神確實值得嘉許，因為這代表你想把工作做好，並在主管同儕之間取得成功。

然而健康生活務求平衡。事業固然重要，但它不是人生全部。其實，只有成為一個更加完整的人，你才能變成更為完整的主管，這兩者是分不開的。

如果你問別人「你是做什麼的？」大多數人會直接回答自己的職業，比如牙醫、會計師、律師、業務員、經理、理髮師或卡車司機。但是我們不該只拿職業定義自己，或者說我們不該讓自己變成只剩工作的人。

有些人退休後，會失去自我認同以及價值感，因為他們的人生幾乎只圍繞著工作轉。一旦退休，就好像失去生活的意義。這樣的人，不能算是一個完整的人。除家庭之外，他們一切的興趣都和工作綁在一起。當然，喜歡自己的工作、退休後感到不捨是可以理解的，但是退休不該意味生活就此失去意義。

如果一個人的興趣只有工作，那就太單一了。而一個「單一面向」的人，其管理能力通常不如那些擁有多重興趣、視野更開闊的人。當然，剛上任的前幾個月，確實需要全力適應。可是等你度過這段適應期後，就該開始拓展自己的興趣和生活層面。

社區工作

有志於管理工作的人應積極參與社區。你該不會只貪圖從社區得益，而不將自己的一部分回饋給社區。你的專業也是一樣。藉由參與專業協會，將一些東西回饋給你的專業。這些建議並不是全然出於無私的動機，主要目的在於為社區和專業使命做出貢獻，不過同時也收穫附帶的好處。你會在社區和行業中變得更出名。你會增強自己的知識基礎，並建立更多的聯繫和友誼。這不僅讓你成為一位更具廣度的主管，也讓你更有晉升的潛力。隨著你在組織中的升遷，領導能力將變得越來越重要。社區以及專業協會的領導職位提供很好的成長機會，也會在大多數公司的高層間受到青睞。

無數案例顯示：兩位晉升的人選在工作表現上都合格，雖然成果伯仲之間，但是最終的區別是各自在公司內部和外部的領導力。在許多公司中，員工有時會獲得「帶薪服務時間」來參加公司認可的社區服務計畫。

業外閱讀

雖然了解自身業務極其重要，不過同時擁有廣博知識也很重要。身為主管，你應該也是一位有見識的公民，了解自己所在城市、州和國家的時事。這代表你必須透過閱讀新聞網站、報紙、新聞雜誌、行業部落格和專業雜誌來保持與時俱進的狀態。主管需要深刻了解世界，因為世界發生的事會影響到你的組織。

偶爾讀一本好的小說也很有幫助。閱讀一本寫得很好的書能提高你的文筆水準。而且，優秀的小說作家常對人類的處境具備深刻的洞察力。況且這些書的娛樂價值也高，這又是另一個讀小說的積極誘因。有些主管會要求團隊成員一起讀同一本書，然後在會議或聚會上討論那本書。這類書可以涉及領導力、溝通技巧或者與自身業務相關的主題。此舉不僅讓主管發現每個團隊成員的特點，還能讓團隊變得更高效。

每個人在生命的各個階段中都需要保持心理上的挑戰和警覺。如果你保持廣泛的興趣，就會讓這變得更加容易，而閱讀只是其中的一種方法。

公私分明

你必須具備將上班與下班時間明確分開的能力和決心。能將工作留在職場，並繼續過你的日常生活是非常重要的。我們應該在工作之外另有興趣、嗜好和其他事情可做。符合你需求並保持興趣的健身計畫是非常有價值的。運動是舒緩壓力的良方。

你有時不可避免需將工作帶回家。至少你晚上可能會在家裡處理一些電子郵件。理想的情況是，你回家後並不需延續白天的工作，但在現實中這每每事與願違。請盡量減少在家工作的時間。不要陷入這種陷阱：知道自己可以在家補做工作，那在辦公室時事情就會少做。就算你不得不在家加班，那麼至少清楚劃出界線，比如可為工作撥出特定時段並且嚴加遵守。重點在於，不要讓帶回家的工作干擾你的私人生活，因為你需要保持私人生活的平衡，才能維持健康作息。現代科技令這目標變得更加難以企及。

既然時時在線上，公私如何平衡？

在這個始終由網路串連起來的世界中，如要保持工作和生活的平衡，你必須有意識與同事劃出明確的界線。姑且不論利弊，如今別人幾乎隨時都可已聯繫到我們。應該避免讓這種連結侵入你的私生活，其挑戰可分成兩個部分。首先你要自訂紀律，決定自己何時不能奉陪。如果你覺得必須隨時檢視電子郵件，並且不管是幾點鐘收到簡訊都要讀，那麼你永遠別奢望創造平衡。

第二個關鍵是訓練你的同事。不要猶豫，直接挑明告訴他們，除非碰上緊急情況，否則哪些時段你不回覆訊息。這可能需要你晚上把手機調成靜音，或者把手機放在別的房間，除非反覆響鈴才聽得見。有時，來自不同時區的同事和客戶會是一大考驗。不妨提醒對方，他們在上班時，你可能正在休息或正在處理私事。

你面對的另一麻煩是那些不顧他人作息、隨時都會發訊息或打電話來的同事。必須讓這些人明白，某些時段找不到你。有時，最好的辦法是根本不理會下班之後傳來的訊息，一切都等下一個工作日再說。即使是那些不諳事理的同事，最終也會慢慢明白，你在某些時段是不會回應的。

這一切就從你開始。如果你控制不了自己，非得時時上線不可，而且又不對同事打開天窗說亮話，那麼你就必須接受無緣享受私生活的事實。反正一切是你自找的。

第四十三章

一點格調

「格調」一詞有許多含義。身為主管，請將「格調」理解為「行為上講究風度與優雅」。對一位經理或主管而言，「格調」不僅體現在「有所為」上，還往往體現在「有所不為」上，而且後者尤為重要：

- 有格調的人懂得尊重他人的尊嚴，不會把人當作生產工具。
- 格調與社會地位無關，而是取決於一個人的行為舉止。
- 有格調的人就算生氣也不罵髒話，因為他們的詞彙量夠豐富，不需要動用髒話來表達情緒。
- 有格調的人無需成為焦點，也能欣然讓別人享受掌聲，而且不覺得委屈。
- 有格調的人不開黃腔，不講歧視種族的笑話。

- 有格調的人在職場上絕不顯露性欲。他們對異性說出的每一句話，拿去對親生父母說也沒問題。
- 有格調的人在失望當下絕不說公司的壞話，就算多麼合情合理也絕不會。
- 有格調的人不會被別人的負面行為或言語拖下鬥獸場，淪為同樣的一頭鬥獸。
- 有格調的人，不會輕易動怒，也不會自斷退路。
- 有格調的人，不會為自己的錯誤找藉口，而是從中學習，然後繼續前行。
- 有格調的主管者強調「我們」，少用「我」字。
- 有格調就是有禮貌。
- 有格調的人懂得「尊重自己，才能尊重他人」的道理。
- 有格調的人不會貶低自己的配偶或伴侶，因為這種話反映的不是對方的缺點，而是說者自己的水準。
- 有格調的主管會對員工忠誠。
- 有格調的人不覺得自己比下屬高一等，只是覺得職責不同而已。
- 有格調的人不會在氣頭上衝動行事，而是等冷靜下來再做決定。
- 有格調的人明白，最好的成長方法是先幫助別人成長。

- 有格調的人不會過分在意功勞，而且明白自己得到的榮譽有時超過應得的那一份，這樣就能彌補那些默默付出的時刻。
- 有格調的人言行一致，只做自己真正相信的事。
- 有格調的人不靠踩低別人來墊高自己。
- 有格調的人會以身作則。
- 有格調的人懂得真誠微笑的價值。

結語

這本書談到了各種帶人的技巧，但沒辦法涵蓋你職涯中會遇到的所有情況。甚至，剛上任的前幾週，你可能就會遇到書裡沒提到的狀況。

這很正常，因為沒有哪一本書能包山包海。希望這本書能讓你對管理人員的工作有些新的體會，讓這份工作變得更有意義、更加愉快，同時也更容易理解。你可能覺得我們花了太多篇幅在討論心態，比方你怎麼看自己、怎麼面對問題。但事實上，你在管理人時，成敗的關鍵就在你的腦袋裡。

如果你認為自己只是外在環境的玩物，那還有什麼意義呢？那就像當個木偶，任由一個無形的操縱者拉扯你的線。然而現實並非如此。確實，外在環境會影響你，但你可以決定自己要怎麼想、怎麼看待事情。而這將決定你如何應對挑戰。

這本書的內容很直白，但並沒告訴你「只要努力工作、安分守己，就一定能成功」。

然而，如果你願意採納而非漠視這些基本道理，那麼你成功的機率一定比較高。這個世界本來就不公平，理應成功的人不一定都成功。可是如果你什麼都不做，只坐在那裡等奇蹟發生，那你更沒機會了。

我們必須成長。這本書教你怎麼帶人，但同樣重要的是，你自己也要成長。工作是人生的一大部分，它應該幫助你成長，而不是消耗你。我們不該做自己討厭的工作。但現實是，任何職業都有我們不喜歡的部分，關鍵在於整體的平衡。如果工作大部分讓你快樂、有成就感、有挑戰性，那些小部分的麻煩事就還能接受。但如果你討厭工作的大部分內容，那就表示你入錯了行，該換跑道了。人生苦短，沒必要把時間和精力浪費在令你筋疲力盡、苦不堪言的工作上。

你可能見過這麼一些人，明明不喜歡現在的工作，卻硬撐著，因為「以後退休福利很好」。但如果身心都被工作搞壞了，還沒退休就累垮了，這些福利還有什麼意義？更慘的是，他們可能撐不到退休，或者等到那天才發現，福利根本沒想像中好。

還有人天天抱怨工作，卻從不去嘗試更好的，因為他們害怕改變，害怕未知。他們寧可待在糟糕但熟悉的環境，也不願冒險另闢新的蹊徑。

也許亞伯拉罕．林肯說得沒錯：「大多數人的快樂程度，全取決於他們自己怎麼想。」這句話完美總結了本書一直強調的重點：**心態決定一切**。

很多人在步入中年後，開始思考對世界的貢獻。他們常覺得自己做的事沒什麼意義，比如：「我只是在一家工廠當經理，負責生產螺絲，這有什麼了不起？」如果光從產品來看，確實沒什麼特別。但真正該問的是：「我對公私場域中身邊的人產生什麼影響？」

如果你的答案是正面的，那麼不管你的公司是做螺絲還是生產救命良藥，這都不重要。重點不在於公司或產品，而在於你如何影響身邊的人。另外，升上管理階層並不代表你比別人重要。身為主管或者經理，你既是領導者，也是服務人員。有些主管只想領導別人，拒絕承擔「服務」責任，因為這會讓他們覺得自己的地位沒那麼高。然而真正有格局的主管，懂得兼容並蓄。

你為下屬建構系統，實際上是在為他們服務。維護有效的薪資管理和績效評估系統，你是在為他們服務。用心找出能平衡公司需求和下屬專業抱負的辦法，你是在為他們服務。你為下屬制定休假計畫，令其充分利用休息時間，這是在為他們服務。為部門招聘和培訓優秀人才，你也是在為現有的下屬服務。

大多數人不難理解，一國的總統或總理擁有極大權力，但同時也應該是服務員，實際上就是頭號公僕。這概念同樣適用於主管職位。這種組合看似矛盾：權威及服務責任。如果你能保持兩者間的平衡，便可避免過度膨脹自身的重要性，同時也把工作做得更好。

隨著你在主管職務上的進步，你不一定變得更加聰明，但一定能累積更多經驗，而這些經驗就具備轉化為智慧的潛力。不管你要怎麼稱呼，只要你能越變越加高效，必能達成目標。你能在與員工合作的過程中累積更多經驗，這會讓你變得更有效率。一旦要你重走一遍相同經歷，你便有機會發展出一套更流暢的辦法，而這可能不是你一開始就獲得的。

發展出同理心，理解下屬的態度和感受。這點雖然簡單，然而經常實踐必然讓你受益不淺。設身處地一下，如果你處在他們的職位，你會希望上司怎麼對待你呢？

但願你在帶領下屬的道路上走得順利，畢竟他們醒著的時間有一半都交在你手上。主管做得成功與否，一切始於你對於這份責任的態度。我們希望本書能幫助你開啟人生新的篇章。祝你成功，同時享受這段旅程。

GOLDEN GRAIN

普通主管才是最強主管

百萬領導者齊聲推薦！第一天當主管就上手的43個帶人常識，用簡單原則打造最強團隊

2025年8月初版 定價：新臺幣480元

著者	Loren B. Belker Jim McCormick Gary S. Topchik
譯者	郁保林
叢書主編	林映華
副總編輯	陳永芬
校對	蔡佳琨
內文排版	綠貝殼
封面設計	陳文德

出版者	聯經出版事業股份有限公司
地址	新北市汐止區大同路一段369號1樓
叢書主編電話	(02)86925588轉5306
台北聯經書房	台北市新生南路三段94號
電話	(02)23620308
郵政劃撥	帳戶第0100559-3號
郵撥電話	(02)23620308
印刷者	文聯彩色製版印刷有限公司
總經銷	聯合發行股份有限公司
發行所	新北市新店區寶橋路235巷6弄6號2樓
電話	(02)29178022

編務總監	陳逸華
副總經理	王聰威
總經理	陳芝宇
社長	羅國俊
發行人	林載爵

行政院新聞局出版事業登記證局版臺業字第0130號

本書如有缺頁，破損，倒裝請寄回台北聯經書房更換。 ISBN 978-957-08-7745-8 (平裝)
聯經網址：www.linkingbooks.com.tw
電子信箱：linking@udngroup.com

國家圖書館出版品預行編目資料

普通主管才是最強主管：百萬領導者齊聲推薦！第一天當主管就上手的43個帶人常識，用簡單原則打造最強團隊/
Loren B. Belker、Jim McCormick、Gary S. Topchik著．郁保林譯．初版．
新北市．聯經．2025年8月．384面．14.8×21公分（GOLDEN GRAIN）
譯自：The first-time manager, 7th ed.
ISBN 978-957-08-7745-8（平裝）

1.CST：中階管理者 2.CST：組織管理 3.CST：職場成功法

494.23 114009570